高素质农民培训教材

中国-东盟茶文化

及茶叶加工

广西农业广播电视学校　组织编写

李　琪　苏　静　莫嘉凌　主　　编

广西科学技术出版社

图书在版编目（CIP）数据

中国－东盟茶文化及茶叶加工/李琪，苏静，莫嘉凌主编．—南宁：广西科学技术出版社，2023.8
ISBN 978-7-5551-2033-9

Ⅰ．①中…　Ⅱ．①李…　②苏…　③莫…　Ⅲ．①茶文化－中国　②制茶工艺　Ⅳ．① TS971.21　② TS272.4

中国版本图书馆 CIP 数据核字（2023）第 158039 号

Zhongguo Dongmeng Chawenhua Ji Chaye Jiagong
中国－东盟茶文化及茶叶加工

李　琪　苏　静　莫嘉凌　主编

责任编辑：黎志海　覃　艳
装帧设计：梁　良
责任印制：韦文印
责任校对：冯　靖

出 版 人：梁　志
出版发行：广西科学技术出版社
地　　址：广西南宁市东葛路66号
网　　址：http://www.gxkjs.com
邮政编码：530023

经　　销：全国各地新华书店
印　　刷：广西万泰印务有限公司

开　　本：787mm×1092mm　1/16
字　　数：99千字
印　　张：5.5
版　　次：2023年8月第1版
印　　次：2023年8月第1次印刷
书　　号：ISBN 978-7-5551-2033-9
定　　价：30.00元

《高素质职业农民培训教材》

编委会

前 言

茶在中国具有悠久的历史，早在数千年前，我们的祖先就开始饮用茶。随着时间的推移，茶叶的种植和加工技术逐渐改进，喝茶、品茶逐渐成为了一种重要的社会仪式和交流方式。茶文化作为中国重要传统文化之一，承载着深厚的历史和丰富的内涵。

本书从茶叶的常见知识及一般冲泡技巧入手，对中国名茶进行总体介绍，并详细阐述广西名特优茶叶，中国及东盟国家的特色茶文化、茶叶加工方式与进出口贸易情况。东盟各国都有着独特的茶文化传统和习俗，书中介绍中国、泰国、越南、马来西亚、新加坡等各个东盟国家的茶文化特色和传统。通过本书可了解到各东盟国家茶文化中不同的茶叶种类和品种，以及它们在当地文化活动和社会生活中所扮演的角色。

茶文化不仅是一种饮食习俗，更是一门艺术和一种生活方式。通过学习茶文化，可以领略东盟地区丰富多样的传统文化和各地人民对自然、生活、和谐的独特见解。希望通过本书，能够使读者对东盟茶文化有更深入的认识和理解，并在自己的生活中体验这一独特的文化传统。

最后，感谢所有为本书提供支持和帮助的人员，无论是茶农、茶师、茶道家还是文化学者，是他们的贡献使本书的编写出版成为可能。希望本书能够为大家提供有益的知识和启发，为读者开启一段探索东盟茶文化之旅。

目录

第一章　茶叶知识及冲泡

第一节　茶树的基础知识

一、茶树的起源和传播

茶树［*Camellia Sinensis*（L.）O. Kuntze］是一种多年生常绿木本植物，大约起源于6000万年以前。

中国是世界茶树的原产地，中国西南地区如云南、贵州和四川，是世界上最早发现、利用和栽培茶树的地方（图1–1），也是世界上最早发现野生茶树和现存野生大茶树最多、最集中的地方。唐代陆羽在《茶经·一之源》中称“茶者，南方之嘉木也”，就很好地说明了茶树的原产地。

图1–1　贵州湄潭万亩茶海

人类发现和利用茶树，最早是采自野生，作药用。根据《神农本草经》中的记载，我们祖先对茶的利用已有五六千年的历史。随着茶树从药用发展为日常饮用，人们在公元前1000多年开始栽培茶树，根据东晋（317—420年）常璩所著的《华阳国志·巴志》，周武王于公元前1046年联合当时四川、云南的部落共同讨伐纣王之后，巴蜀所产的茶被列为贡品，并记载有“园有芳蒻、香茗”。由此推断，茶树栽培距今已有3000多年的历史。

茶树在中国的传播，先由四川传入当时的政治文化中心，即陕西、甘肃一带，但因受自然气候条件的限制，不能大量栽培（图 1-2）。自秦始皇统一中国后，南北方经济、文化的交流日益密切，茶树由四川传入长江中下游一带，由于地理气候上的优势，长江中下游地区逐渐取代巴蜀的茶业中心地位。

图 1-2　雅安蒙顶万亩茶园

随着中外文化交流和商业贸易往来的发展，中国的茶树、茶叶、饮茶风俗及制茶技术传向全世界，最先传入朝鲜和日本。6 世纪下半叶，随着佛教界僧侣的相互往来，茶叶首先传入朝鲜半岛；而日本开始种植茶树是在唐代中期（805 年），日本僧人最澄和尚来中国浙江天台山学佛，回日本时携带茶籽，种于滋贺县，这是中国茶种传向国外的最早记载。1684 年，德国人从日本引入茶籽并在印度尼西亚的爪哇岛试种，但没有成功；又于 1731 年从中国引入大批茶籽，在爪哇岛和苏门答腊岛成功试种，自此茶叶生产在印度尼西亚开始发展起来。1788 年，印度从中国首次引入茶籽，但种植失败。1834 年以后，英国资本家开始从中国引入茶籽，并雇用熟练工人，在印度大规模发展茶树种植。之后，又相继在斯里兰卡、孟加拉国等地发展茶场。19 世纪 50 年代，英国利用其殖民政策，在非洲的肯尼亚、坦桑尼亚、乌干达等国开始种茶，至 20 世纪初，茶业在非洲已具有相当规模。俄国于 1833 年从中国引入大量茶苗在黑海东部的格鲁吉亚种植，经过近 50 年试验，茶树种植得到大面积发展，其茶籽、茶苗均来源于我国湖北羊楼洞。20 世纪以后，格鲁吉亚成为欧洲茶叶生产的主要区域。

茶树的发现、种植、利用在中国经过几千年的发展，逐渐传播到世界各地，

茶的知识、风俗作为中国特有的文化风靡全球，茶从民间饮品变成产业和文化。茶叶贸易不仅吸引了世界各地的商人，而且成为中国与世界联系的纽带之一，是中国与世界交流的桥梁。

二、茶树的类型

茶树在漫长的生长演变过程中，发展并形成了不同的类型，按树型大小分类，可分为乔木型、小乔木型、灌木型 3 种。

（1）乔木型茶树（图 1–3）。有明显的主干，分枝部位高，通常树高 3 ～ 5 m。

（2）灌木型茶树（图 1–4）。没有明显的主干，分枝较密，分枝部位多近于地面，树冠矮小，通常树高 1.5 ～ 3 m。

（3）半乔木型茶树（图 1–5）。树高和分枝均介于灌木型茶树与乔木型茶树之间。

图 1–3　乔木型茶树

图 1-4 灌木型茶树

图 1-5 半乔木型茶树

按叶片大小分类，可分为特大叶种、大叶种、中叶种和小叶种 4 种（图 1-6）。生长在中国西南地区多雨炎热地带的野生茶树多数是树冠高大、叶大如掌的乔木型特大叶种或大叶种，而在一些比较寒冷的偏北地区，则是比较耐旱、耐寒、树冠矮小、叶片较小的灌木型小叶种。处于两者之间的是半乔木型的中叶

种，如中国云南西双版纳地区种植的茶树多数属于此类。

图 1-6　特大叶种、大叶种、中叶种和小叶种

按进化程度不同分类，可分为野生型、过渡型（图 1-7）和栽培型。中国已发现的野生大茶树，时间之早、树体之大、数量之多、性状之异堪称世界之最。目前全国有 10 个省区 198 处发现野生大茶树，仅在云南省内，树干直径在 1 m 以上的就有 10 多株，如勐海县内树龄 800 年左右的南糯山茶树王、澜沧县内树龄 1000 年左右的邦葳茶树王、勐海县内大黑山森林中树龄 1700 年的野生型巴达茶树王等。

图 1-7　百色市隆林各族自治县德娥乡发现的过渡型古茶树

三、茶树的生长环境和周期

1. 气候

茶树喜欢温暖湿润的气候，南纬45°至北纬38°、平均气温10℃以上、年降水量在1000 mm以上的地区都可以种植。茶树喜光耐阴，最适宜的生长温度为18～25℃，但不同品种对于温度的适应性有所不同，如大叶种能耐最低温度为-6℃，中、小叶种能耐最低温度为-16～-12℃，小叶种茶树在耐寒性和耐旱性方面均比大叶种茶树强。

2. 土壤pH值

茶树喜酸怕碱，只有在土质疏松，土层较厚，排水、透气性良好的微酸性土壤中才能正常生长。较适宜种植茶树的土壤pH值为4.0～6.5，最适宜pH值为4.5～5.5。在中性土壤中茶树生长不良，甚至不能成活。

3. 生长周期

茶树的一生从种子萌发开始到树体自然死亡，可以分为4个生物学年龄时期，即幼苗期、幼年期、成年期、衰老期。茶树的树龄虽然可达100～200年，但经济年龄一般为40～50年。

第二节　茶叶分类

中国的茶叶种类很多，分类方法也很多。按照制茶阶段可分为毛茶、精制茶和再加工茶；按照茶叶的采摘季节可分为春茶、夏茶、秋茶和冬茶等；按照茶叶发酵程度的不同，可分为不发酵茶、微发酵茶、半发酵茶、全发酵茶和后发酵茶；按照茶叶的加工工艺可分为基本茶类和再加工茶类，基本茶类可分为红茶、绿茶、青茶、黄茶、黑茶、白茶六大茶类，再加工茶类可分为花茶、紧压茶、袋泡茶、速溶茶、保健茶等。

由于茶树品种和生长地区的环境、气候、土壤不同，导致茶叶内各种物质的含量比例不同，因此不同的茶树品种适合制成的茶叶种类也有所不同。比如大叶种茶多酚含量高，适宜制作红茶；小叶种氨基酸含量相对较高，适宜制作绿茶；而中叶种则适宜制作乌龙茶。

一、绿茶

绿茶属于不发酵茶，具有清汤绿叶、滋味收敛性强的特点，是中国茶叶种类中生产历史最早、产量最大、名品最多的茶类，其品种之多可居世界首位。茶叶颜色翠绿，形美，且耐冲泡（图1-8），冲泡出来的茶汤鲜绿明亮、香高、

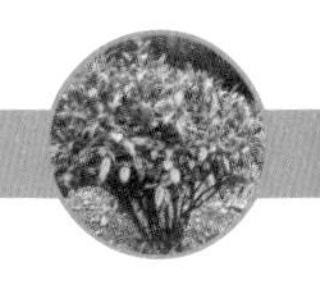

味醇。

图 1-8　绿茶

绿茶的制作工艺较多地保留了鲜叶内的天然物质，其中茶多酚、咖啡碱的含量可保留 85% 以上，叶绿素可保留 50% 左右。绿茶性寒凉，具有清热降暑、提神醒脑的作用，研究表明，绿茶中的天然物质对于抗衰老、防癌、抗癌、防辐射、杀菌、消炎等均有特殊功效。

绿茶的产区分布很广，中国大多数省份均有生产，其中以浙江、安徽、江西的绿茶产量最高，名优绿茶最多，是中国绿茶生产的主要基地。

绿茶的制作是将采摘下的茶树鲜叶经过杀青、揉捻、干燥等步骤制成，根据其杀青和干燥方法的不同，可分为炒青绿茶、烘青绿茶、晒青绿茶和蒸青绿茶 4 类。

（1）炒青绿茶：用砂锅杀青的绿茶。由于茶叶在砂锅干燥的过程中受到的作用力不同，成茶会形成长条形、圆珠形、扇平形、针形、螺形等不同的形状，因此又分为长炒青、圆炒青、扁炒青等。代表品种有西湖龙井（图 1-9）、洞庭碧螺春、老竹大方等。

图 1-9　西湖龙井

（2）烘青绿茶：用烘笼进行烘干的绿茶。烘青能较好地保持茶叶的外形，但香气一般不及炒青高。根据茶叶外形可分为条形茶、尖形茶、片形茶、针形茶等。少数烘青名茶品质特优，代表品种有六安瓜片、黄山毛峰、太平猴魁、桂林毛尖（图 1-10）等。

图 1-10　桂林毛尖

（3）晒青绿茶：用阳光晒干的绿茶。晒青绿茶主要在湖南、湖北、广东、广西、四川生产，云南、贵州等省也有少量生产，其中以云南大叶种的品质最好，称为滇青，其他如川青、黔青、桂青、鄂青等，品质各有千秋。

（4）蒸青绿茶：用蒸汽杀青的绿茶。蒸青是中国古代的杀青方法之一，唐代时传至日本，沿用至今；中国自明代起即改为锅炒杀青。蒸青是利用蒸汽来破坏鲜叶中酶的活性，具有干茶深绿、茶汤浅绿和茶底青绿的“三绿”品质特征，但香气较闷，带青气，涩味也较重，不如炒青绿茶那样鲜爽。代表品种有恩施玉露（图 1–11），产于湖北恩施。

图 1–11　恩施玉露

二、红茶

红茶属于全发酵茶，是我国第二大茶类，具有红汤红叶、气香味甜的特点。红茶可以帮助胃肠消化，具有促进食欲、利尿、消除水肿的功效，可降低心脑血管疾病发生的概率，如心脏病、心肌梗死等，还可抗衰老、护肤美容。

红茶与绿茶的区别在于加工工艺不同。红茶加工时不经杀青，而是通过萎凋使鲜叶变软，失去部分水分及青草气，再经揉捻（揉搓成条或切成颗粒）后发酵，使所含的茶多酚氧化变成红色的化合物。这种化合物一部分溶于水，另一部分不溶于水而在冲泡时留存在叶片中，从而形成红汤红叶的特点。萎凋和发酵是

红茶制茶过程中最为关键的 2 个步骤。

按照加工的方法与出品的茶形，红茶一般可分为小种红茶、工夫红茶、红碎茶 3 类。

（1）小种红茶：起源于 16 世纪，是世界上最古老的红茶，被誉为红茶的鼻祖，最早产于福建武夷山一带。小种红茶采摘小叶种茶树鲜叶制成，并用炭火加以烘烤，使其具有特殊香味。如武夷山的正山小种，具有桂圆味、松烟香等特有的香味。根据产地的不同，又可分为正山小种和外山小种。

（2）工夫红茶：中国特有的红茶品种，也是中国传统的出口商品。因初制时特别注重茶叶条索的完整紧结，精制时费工夫而得名，又名红条茶。工夫红茶滋味醇厚带甜，汤色红浓明亮，果香浓郁，发酵较为充分。按品种可分为大叶工夫红茶和小叶工夫红茶。大叶工夫红茶采大叶种茶树鲜叶制成，小叶工夫红茶则采小叶种茶树鲜叶制成。中国工夫红茶品类多、产地广，按地区命名的有滇红工夫红茶、祁门工夫红茶、宁红工夫红茶、湘红工夫红茶、闽红工夫红茶等。

（3）红碎茶：国际茶叶市场的大宗茶品，是在茶叶加工过程中将条形茶切成短细的碎茶制成（图 1–12），不可与普通的红茶碎末混为一谈。红碎茶按其外形又可细分为叶茶、碎茶、片茶、末茶 4 种。其特点主要是颗粒紧结厚实，色泽乌黑油润，发酵程度略轻，茶汤味浓、强、鲜，香气略清，汤色橙红明亮，叶底红匀（图 1–13）。红碎茶产区分布较广，普遍产于中国云南、广东、海南、广西，主要供出口。

图 1–12　红碎茶

图 1-13　红碎茶干茶和茶汤

三、青茶（乌龙茶）

青茶亦称乌龙茶，属于半发酵茶。制作时适当发酵，使叶片稍变红。它既有绿茶的鲜浓，又有红茶的甜醇。因其茶叶中间为绿色，叶缘呈红色，故有“绿叶红镶边”之称。茶汤呈透明的琥珀色。青茶在六大类茶中制作工艺最复杂、最费时，泡法也最讲究，所以喝青茶也被称为“喝工夫茶”。青茶具有减肥、美容、降血脂、降血压等功效，因此又有“美容茶”“健美茶”等称号。

青茶是采摘具有一定成熟度的茶树鲜叶，经过晒青、晾青、做青、杀青、揉捻、包揉做形、干燥等工艺精制而成，按传统工艺和现代工艺可划分为浓香型和清香型。传统工艺讲究金黄靓汤、绿叶红镶边、三红七绿的发酵程度，总体风格香醇浓滑且耐冲泡；而现代工艺讲究清新自然、颜色翠绿、高香悠长、鲜爽甘厚，但不耐冲泡。

根据产地及茶叶品质特征的不同，青茶又可分为闽北武夷岩茶、闽南铁观音、广东单丛和台湾乌龙。闽北武夷岩茶色泽乌润，汤色红橙明亮，有较重的火香味或焦炭味，口味较重，但花香浓郁，回甘持久，如大红袍，在火味中透着纯天然的花香；闽南铁观音兰花香馥郁，滋味醇滑回甘，观音韵明显；广东单丛香高味浓，非常耐冲泡，回甘持久；台湾乌龙口感醇爽，花香浓郁，清新自然。

青茶的代表品种有安溪铁观音（图 1-14）、大红袍（武夷岩茶中最有名的）、武夷肉桂、闽北水仙、凤凰水仙（广东）、铁罗汉、八角亭龙须茶、黄金桂、永春佛手、安溪色种、东方美人（台湾）、罗汉沉香（四川）、冻顶乌龙茶（台湾）等。

图 1-14 安溪铁观音

四、白茶

白茶属于微发酵茶，是中国特种茶之一，是茶中的特殊珍品。因其成品茶多为芽头，满披白毫，如银似雪而得名。白茶外形芽毫完整，满身披毫，茶汤毫香清鲜，汤色黄绿清澈，滋味清淡回甘。白茶性寒，具有清凉解暑的功效，是难得的凉性饮品。主要产区在福建福鼎、政和、松溪、建阳和云南景谷等地，代表品种有白毫银针（图 1-15）、白牡丹、贡眉、寿眉等。

图 1-15 白毫银针

五、黄茶

黄茶属于微发酵茶，是中国特种茶之一，湖南岳阳为中国黄茶之乡。其品质特点是黄叶黄汤（图 1–16），具有提神醒脑、消除疲劳、消食化滞、健脾胃等功效，消化不良、食欲缺乏、懒动肥胖等症状均可饮而化之。

图 1–16　黄茶汤色和叶底

黄茶按鲜叶老嫩可分为黄芽茶、黄小茶和黄大茶 3 类，代表品种有君山银针（图 1–17）、蒙顶黄芽、北港毛尖、鹿苑毛尖、霍山黄芽、沩江白毛尖、温州黄汤、皖西黄大茶、广东大叶青、海马宫茶等。

图 1–17　君山银针

六、黑茶

黑茶属于后发酵茶，是中国生产历史悠久的特有茶类。原料一般较粗老，在加工过程中，茶叶经渥堆发酵变黑，成品茶呈油黑色或黑褐色，故得名。黑茶香味醇和，汤色橙黄带红，干茶和叶底色泽都较暗褐。按外形可分为散茶和紧压茶两类。散茶可直接冲泡饮用，紧压茶有各种饼茶、砖茶、沱茶、条形茶等。香型有陈香和樟香等。黑茶具有很强的解油腻、消食、降血脂、抗凝血的功能，还能使血管壁松弛，具有降血压、软化血管、防治心脑血管疾病的功效。主要产于云南、湖南、湖北、四川、广西等地，其中销往边疆地区为主的黑茶被称为“边销茶”，销往华侨聚居地为主的黑茶被称为“侨销茶”。

黑茶的主要特点是在后期存放的过程中，茶叶内含物质不断氧化陈化，滋味越陈越醇，口感绵滑化口，陈香明显，是唯一的陈放越久品质越佳的茶类。其代表品种有湖南黑毛茶、湖北老青茶、广西六堡茶、云南普洱茶和四川边茶等。

第三节　茶叶日常冲泡技巧

茶叶的日常冲泡一般分为备具、煮水、备茶、温具、置茶、冲泡、奉茶、收具等 8 个流程。要想泡好一杯色、香、味俱全的茶汤，还要根据六大茶类的不同特性，选择不同的器具和合适的投茶量、水温、泡茶时间（即泡茶三要素）进行科学冲泡。以下分别根据六大茶类的特性介绍茶叶日常冲泡的技巧。

一、茶具

茶具指泡饮茶叶的专门器具，既包括茶壶、盖碗、杯、茶盘、杯托等主器具，又包括茶巾、茶道组、赏茶荷等辅助用品（图 1–18）。一套精致的茶具配上色、香、味三绝的名茶，可谓相得益彰。茶具的材质有很多种，有陶土茶具、瓷器茶具、金属茶具、漆器茶具、竹木茶具、玻璃茶具等，泡好一杯茶，与正确使用茶具是分不开的。

图 1-18　茶具

（1）茶壶：用于泡茶的器具，由壶盖（包括孔、钮、座、盖等细部）、壶身（包括口、沿、嘴、流、腹、肩、把等细部）、壶底和壶足 4 个部分组成。一般来说，泡青茶选用紫砂壶或白瓷壶最佳，也可选用黑色系列的陶壶。紫砂壶透气性好，能保持茶的真香、真味。泡黑茶选用紫砂壶和坭兴陶最佳，这样能较好地保持黑茶的陈香醇味。

（2）杯：玻璃材质的直口杯可以作为泡茶的器具，也可以作为品饮的品茗杯。名优绿茶、白毫银针、君山银针等采摘单芽、1 芽 1 叶或 1 芽 2 叶等细嫩的茶叶都可用直口玻璃杯进行冲泡。玻璃杯传热快、不透气，使用无花纹玻璃杯冲泡茶叶，可以观赏茶芽在水中慢慢舒展的过程。冲泡君山银针时盖上杯盖，还能欣赏茶叶三起三落，犹如在水中翩翩起舞。

（3）盖碗：又称“三才碗”，由盖、碗、托 3 个部分组成，可用于泡茶，也可单用于品茶。六大基本茶类都可以使用盖碗冲泡。

（4）品茗杯（小茶杯）：又称“若琛杯”，用于品饮茶汤，泡茶时要根据喝茶的人数来准备杯子的数量。

（5）茶海：又称“公道杯”“茶盅”，用于盛放茶汤，均匀茶汤的浓度。

（6）茶船：盛放泡茶所用的器具。可由竹、木、金属、陶瓷、石材等材料制成。

（7）闻香杯：用于闻留在杯底的茶香。乌龙茶的双杯泡法会使用到闻香杯。双杯泡法在台湾较流行，观赏性强。

（8）杯托：用于盛放品茗杯和闻香杯。

（9）茶巾：用于擦拭滴漏的茶水。

（10）茶道组：又称“奇木六用”“茶道六君子”，包括茶则、茶拨（茶匙）、茶漏、茶针、茶夹、茶筒。茶则用于量取茶叶和投茶；茶拨用于拨取茶叶入壶、盖碗或杯中；茶漏用于拓宽壶口的宽度，防止茶汤外漏；茶针用于疏通堵塞的壶嘴；茶夹用于夹杯，以便清洗品茗杯；茶筒用于盛放以上茶具。

（11）赏茶荷：用于盛放茶叶、观赏茶叶。

（12）随手泡：用于烧水。

（13）水盂：又称“废水缸”，用于盛放弃水、茶渣等物。

（14）茶叶罐：用于盛放茶叶。

二、冲泡流程

茶叶的日常冲泡（图 1–19）包括以下流程。

（1）备具：根据冲泡的茶叶和人数准备相应的茶具。

（2）煮水：根据茶叶的品种，将水煮沸后晾凉至所需温度。

（3）备茶：从茶叶罐中取出适量茶叶置入赏茶荷中。

（4）温具：用开水注入茶壶（盖碗）、公道杯、品茗杯中，以提高其温度，同时再次清洁茶具。

（5）置茶：将茶叶置入茶壶、盖碗或杯等器具中。

（6）冲泡：将温度适宜的水注入茶壶、盖碗或杯中。

（7）奉茶：将泡好的茶分入品茗杯中，置于杯托上，双手奉到品茗人面前。

（8）收具：品茶活动结束后，泡茶人应将茶杯收回，把壶盖碗或杯中的茶渣倒出，将所有茶具清洁后归位。

图 1–19　茶叶的日常冲泡

三、不同茶类的冲泡步骤

1. 绿茶、红茶、黄茶、白茶冲泡

绿茶、红茶、黄茶、白茶（白毫银针）均可采用浸润泡的方法，即不需要洗茶。浸润泡以回转手法向盖碗、杯或茶壶中注入少量水，水量以没过茶叶为宜，目的是使茶叶充分浸润，然后摇香，摇香次数多少视茶叶条索松紧度而定。具体流程如下：

（1）备具候用（备具）。

（2）活煮甘泉（煮水）。

（3）鉴赏佳茗（取茶、赏茶）。

（4）流云拂月 / 白鹤沐浴（烫洗杯或盖碗、公道杯）。

（5）高山流水（烫洗品茗杯）。

（6）佳人入宫（投茶）。

（7）点水润茶（润茶）。

（8）凤凰行礼 / 行云流水（注水冲泡）。

（9）自有公道（出茶）。

（10）若琛听泉（洗杯）。

（11）普降甘露（分茶）。

（12）敬奉香茗（奉茶）。

【知识拓展】

凤凰行礼

茶叶冲泡有一个步骤是“凤凰行礼”，也称“凤凰三点头”。其动作要领是高提水壶，高冲低斟反复 3 次，其间水流不能断，让茶叶在水中翻滚。这是茶艺中的一种传统礼仪，不仅表示对客人的敬意，也表达对茶的敬意。

2. 青茶（乌龙茶）冲泡

青茶采用温润泡，即需洗茶 1 次。洗茶时注水入壶或盖碗至快满为止，盖上盖后立即将壶内或盖碗内的水倒出，使茶叶在吸收温度和水分后充分舒展，有利于茶汤香气与滋味的呈现。

白茶中的白牡丹、寿眉、贡眉和存放较久的老白茶也可参考温润泡的方法。具体流程如下：

（1）备具候用（备具）。

（2）活煮甘泉（煮水）。

（3）鉴赏佳茗（取茶、赏茶）。

（4）白鹤沐浴（烫洗盖碗）。

（5）高山流水（烫洗品茗杯）。

（6）乌龙入宫（投茶）。

（7）百丈飞瀑（洗茶）。

（8）春风拂面（刮沫）。

（9）玉液移壶（用洗茶水烫洗公道杯）。

（10）行云流水（浇注泡茶）。

（11）自有公道（倒出公道杯中的洗茶水，出茶）。

（12）若琛听泉（洗杯）。

（13）普降甘露（分茶）。

（14）敬奉香茗（奉茶）。

3. 黑茶冲泡

黑茶的原料比较粗老，为了让茶叶能够充分舒展，更好地呈现茶汤的香气和滋味，需要 2 次温润泡，即洗茶 2 次。

（1）备具候用（备具）。

（2）活煮甘泉（煮水）。

（3）鉴赏佳茗（取茶、赏茶）。

（4）孟臣沐霖（烫洗陶壶、公道杯）。

（5）高山流水（烫洗品茗杯）。

（6）普洱入宫（投茶）。

（7）百丈飞瀑（洗茶）。

（8）春风拂面（刮沫）。

（9）游龙戏水（直接倒掉洗茶水）。

（10）再洗仙颜（再次洗茶）。

（11）细水长流（定点注水泡茶）。

（12）自有公道（倒出公道杯中的洗茶水，出茶）。

（13）若琛听泉（洗杯）。

（14）普降甘露（分茶）。

（15）敬奉香茗（奉茶）。

四、泡茶三要素

泡茶三要素是指投茶量、水温和泡茶时间。

（1）投茶量：泡茶所需的茶叶用量。不同类别的茶叶使用不同的茶具，投放量要根据茶具大小、茶叶种类的不同而变化，投茶量的多少直接影响茶汤的滋味。

（2）水温：泡茶所需的水的温度。一般来说，水温的高低会影响茶叶中可溶物质浸出的速度，水温越高，可溶物质浸出速度越快，可释放茶叶的香气与滋味物质；水温过低，可溶物质浸出速度过慢，很难激发出茶叶的香气与滋味物质。

（3）泡茶时间：茶叶浸泡的时间不宜过长，否则茶味会随着时间的延长逐渐变浓，茶叶中富含的物质如咖啡碱、茶多酚的苦、涩味会增加，使茶汤口感变差。所以泡茶时间须由茶类决定，并根据口感进行适当调整。

1. 绿茶冲泡

（1）茶水比：以 1∶50 为宜，一般取 3 g 茶叶，注入 150 ml 水。

（2）水温：一般为 70 ～ 85℃，根据茶叶的老嫩程度调整。普通绿茶水温为 80 ～ 85℃，名优绿茶水温为 75 ～ 80℃，不用洗茶，沸水需要放凉至合适水温再泡。

（3）冲泡时间：第一泡大约 1 分钟（水与茶接触后开始计时），之后每泡增加 10 秒。

（4）冲泡次数：3 ～ 4 泡，2 ～ 3 泡最佳。每次剩 1/3 时就应续水。

（5）器具选用：名优绿茶可选用玻璃杯，不能盖上杯盖，否则会闷熟茶叶。中档的大宗绿茶可选用盖碗加盖冲泡。

【知识拓展】

绿茶冲泡上、中、下投法

明代张源在《茶录》中提出：“投茶有序，毋失其宜。先茶后汤，曰下投。汤半下茶，复以汤满，曰中投。先汤后茶，曰上投。”

绿茶冲泡，需按茶叶的老嫩程度确定采取什么方式投茶。

上投法：先在杯中注入七分 75℃左右的水（水烧沸后放凉至此温度，下同），然后投茶。此法适用于外形较紧结密实、茶形细嫩的茶叶，如碧螺春、信阳毛尖。

中投法：在杯中注入三分适宜温度的水，然后投茶，轻转动杯中茶，以使茶叶浸润，然后再注水至七分满。此法适用于外形紧结、不易下沉的茶叶，如黄山毛峰、安吉白茶等。

下投法：先在杯中投入适量茶，然后注入 1/3 的适宜温度的水润茶，以摇香手法帮助茶叶吸收水温和水分，然后再沿杯壁注水至七分满。此法适用于不易下沉、嫩度较低的茶叶，如六安瓜片、太平猴魁。

2. 红茶冲泡

红茶冲泡见图 1–20。

（1）茶水比：以 1∶50 为宜，一般取 4 ～ 5 g 茶叶，注入 150 ～ 200 ml 水。

（2）水温：普通红茶为 85 ～ 90℃，细嫩红茶为 80 ～ 85℃。不用洗茶。

（3）冲泡时间：一般头 2 泡出茶时间为 5 秒钟左右，3 泡后延长 5 ～ 10 秒。

（4）冲泡次数：4 ～ 5 泡，2 ～ 3 泡最佳。

（5）器具选用：盖碗。投茶后需盖上杯盖聚香。

图 1–20 红茶冲泡

【知识拓展】

鉴别红茶的优劣

鉴别红茶的优劣有 2 个重要的感官指标，分别是“金圈”和“冷后浑”。茶汤贴茶碗一圈发金黄色光，称“金圈”。金圈越厚、颜色越金黄，红茶的品质就越好。“冷后浑”指红茶经热水冲泡后茶汤清澈，待冷却后出现浑浊现象。“冷后浑”是茶汤内物质丰富的体现。

3. 白茶冲泡

（1）茶水比：以 1∶50 为宜，一般取 4 ～ 5 g 茶叶，注入 150 ～ 200 ml 水。

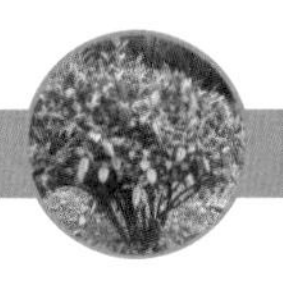

（2）水温：90 ～ 95℃。白芽茶不用洗茶，紧压贡眉、寿眉洗茶 1 次，使其舒展。年份久的老白茶泡过后还可以煮饮。

（3）冲泡时间：头泡 45 秒，之后每泡延长 20 秒。

（4）冲泡次数：白芽茶 4 ～ 5 泡，白叶茶 6 ～ 8 泡，2 ～ 3 泡最佳。

（5）器具选用：宜用盖碗。

4. 黄茶冲泡

（1）茶水比：以 1 ∶ 50 为宜，一般 3 g 茶叶注入 150 ml 水。

（2）水温：80 ～ 90℃。

（3）冲泡时间：头泡 1 分钟，之后每泡延长 10 ～ 20 秒。不需洗茶。

（4）冲泡次数：4 ～ 5 泡，2 ～ 3 泡最佳。

（5）器具选用：玻璃杯、盖碗。君山银针可在玻璃杯上盖上杯盖，泡茶过程中可欣赏茶叶的三起三落。

5. 青茶冲泡（图 1–21）

（1）茶水比：以 1 ∶ 20 为宜，一般取 7 ～ 8 g 茶叶，注入 150 ml 水。颗粒状茶叶的投茶量约占容器的 1/3，条索状茶叶约占容器的 2/3。

（2）水温：90 ～ 100℃。

（3）冲泡时间：需沸水洗茶 1 次，洗茶时间控制在 10 秒以内。头泡 5 秒，之后每泡延长 3 ～ 5 秒。

（4）冲泡次数：7 ～ 10 泡，4 ～ 5 泡最佳。

（5）器具选用：盖碗、紫砂壶。

图 1–21　铁观音冲泡

6. 黑茶冲泡

黑茶冲泡见图 1–22。

（1）茶水比：以 1∶20 为宜，一般取 7～9 g 茶叶，注入 150 ml 水。茶叶在容器内三四分满。

（2）水温：100℃。砖茶可以煮饮。

（3）冲泡时间：需沸水洗茶 2 次，头 2 泡每泡 5 秒，之后每泡延长 5～10 秒。

（4）冲泡次数：8～10 泡，4～5 泡最佳。

（5）器具选用：紫砂壶、盖碗。

图 1–22 黑茶冲泡

第二章　广西名特优茶叶

第一节　凌云白毫茶

凌云白毫茶又称凌乐白毛茶或凌云白毛茶，主产于百色市凌云县、乐业县的岑王老山、青龙山一带，因幼嫩芽叶满披茸毛而得名。得天独厚的自然环境，使凌云白毫茶具有色翠、毫多、香醇、味浓、耐泡五大特色，并因此成为中国名茶中的新秀。

1915 年，凌云白毫茶获巴拿马国际食品博览会二等奖；1992 年被载入《中国茶经》，是广西第一个被认定的国家级茶树良种；2005 年获中国国家地理标志产品并被指定为广西人民大会堂专用茶。凌云白毫茶生长环境优越，富含营养物质，具有助消化、解腻利尿、提神醒目的功效，一直以来是广西名特优产品。

一、产地环境

凌云白毫茶资源丰富，具有悠久的历史，现广泛分布于百色市凌云县、乐业县、西林县、隆林各族自治县、德保县和田林县；在右江区、平果市、靖西市、那坡县也有少量种植。凌云县、乐业县的岑王老山、青龙山，地势高峻，峰峦起伏，溪流纵横，日照适宜，漫射光多，气候温和湿润，四季云雾缭绕，春夏更是“晴时早晚遍山雾，阴雨成天满山云”，冬无严寒，夏无酷暑。连片茶园多分布在峡谷溪间，土壤多为高原森林土，有机质含量高，土层深厚肥沃，适宜茶树生长。沙里百峒至今还有 300 亩（1 亩≈ 666.67 m^2，下同）连片千年古茶树林，已被列入中国国家地理标志产品的保护范围，而在东和大石山还保存有 500 年树龄的古茶树。目前，凌云白毫茶园面积 11.2 万亩，其中有机茶园面积 2.3 万亩。2020 年，凌云县干茶总产量为 6028 t，总产值 5.64 亿元。

2004 年 8 月，高产示范茶场的茶山金字塔旅游景点获“全国农业旅游示范点”称号。茶山金字塔景区位于茶乡凌云县加尤镇，面积 7000 多亩，最高峰海拔 1100 多米，由大大小小 50 多个茶峰组成，终年云雾缭绕，空气中的负离子含量高，空气清新，气候宜人，数十个绿色“金字塔”状茶峰组成的万亩茶园本身就是一道亮丽的风景。当地立足资源优势，积极探索发展旅游业，建设了茶王阁、茶圣亭、茶仙亭、采茶园等景点（图 2-1、图 2-2），打造茶山金字塔景区，并成功晋升为国家 AAAA 级景区。

图 2-1 凌云县泗水“天下第一壶”

图 2-2 凌云县加尤镇境内的万亩茶园

二、品质特性

凌云白毫茶属于群体品种，有性繁殖系，在经费、人力都满足的情况下，可对茶树进行无性繁殖。凌云白毫茶茶树为小乔木型，晚芽大叶种，植株高大，树姿直立，分枝密度不大，春芽在3月中旬至4月上旬萌发，嫩梢黄绿色，茸毛多，持嫩性好（图2-3）。

图2-3　凌云白毫茶植株

据中国农业科学院茶叶研究所对凌云白毫茶烘青绿茶的生化成分测定，该茶含咖啡碱4.91%、氨基酸3.36%、茶多酚35.6%、水浸出物46.75%、儿茶素总量182.92 mg/g，营养成分十分丰富，具有提神醒脑、消暑止渴、解疲生津、助消化、增强食欲的功效。

三、工艺特色

凌云白毫茶的品质与其精湛的采制工艺有着密切的关系。每年3～11月为采摘期。惊蛰以后，茶芽竞相萌发，葱翠满坡，清明前后更是采叶制茶的黄金时节。白毫的品质以清明至谷雨阶段采制的为优，清明前三四天的为最佳。该茶采摘标准严格，名优茶要细嫩时采，采摘1芽1叶或单芽；大宗茶采摘1芽2叶、1芽3叶或1芽4叶初展；生产黑茶产品时可采摘1芽5叶。所采鲜叶需及时运回加工厂进行竹匾摊放，不能紧压，以免鲜叶受机械损伤，影响产品质量。白毫茶加工经杀青、揉捻、烘干3道工序，摊放时间较长，杀青程度偏重，

可用小火长时间多次慢抛炒干，以利于增加茶叶的香气。制作要点一是高温杀青，采用全扬炒和高抛炒法，行低扬后高扬高抛再抖炒，以利于水分蒸发，避免闷黄；二是扇风散热，尽快降低叶温，保持色泽翠绿；三是高温快炒二青，温度 80 ～ 85℃，投叶量 1000 g 左右，做到抖得高、翻得快，使水分尽快蒸发，以七八成干为宜；四是低温慢炒三青，温度 60℃左右，投叶量 1500 g 左右，双手慢动作翻炒，以保持锋苗、茸毛完整。当茸毫披露、香气透发、手捻成末时，即为适度。成品茶外形条索肥壮、白毫遍体。

四、品种分类

凌云白毫茶是亚洲唯一能加工出绿茶、红茶、白茶、黄茶、黑茶、青茶六大类茶品的茶树品种，素有“一茶千化”的美名。优质凌云白毫茶外形条索紧结，或为扁形、针形、条形、卷曲形、圆形，白毫显露，形似银针（图 2-4）；茶汤有独特的板栗清香，香气馥郁持久，汤色嫩黄清澈，滋味浓醇鲜爽，回味清甘绵长，且特别耐冲泡，一杯白毫茶泡饮四五次不减其味，其渣放置数日余香犹存。

图 2-4 凌云白毫茶白茶

制成的红茶产品外形条索紧结、肥壮，干茶色泽乌润，金毫显露（图 2-5），茶汤红亮，香气鲜郁高长，具有蜜糖香或花香，滋味浓厚鲜爽，叶底红匀嫩亮。黄茶产品汤色浅黄明亮，香气清悦，叶底绿黄匀整。黑茶产品外形乌润，陈香中透出特殊的荷叶香气，滋味醇厚，汤色红亮，叶底黑亮。白茶产品满身披毫，毫香清鲜，茶气带果香，味鲜爽醇甜。青茶产品既有红茶的色香，又有

绿茶的甜爽（图 2-6）。此外还有根据白毫茶原料的特点，以铁观音制作工艺为基础，创新乌龙茶制作工艺研制出的白毫乌龙茶，滋味鲜纯，有清香。

图 2-5　凌云白毫红茶

图 2-6　凌云白毫茶茶汤

五、特色茶文化

近年来，凌云县对万亩茶场进行了大刀阔斧的改革，打造茶山金字塔景区，通过茶旅结合的方式助推茶企新发展。2010 年，引进并扶持龙头企业实施“公司 + 基地 + 安置户”的经营模式，让茶乡恢复生机。景区集茶叶种植、加工，生态农业观光，采茶、制茶体验，民族风情体验，餐饮，住宿，购物，休闲娱乐等特色旅游于一体，游客可以在凉风习习的茶仙亭、茶圣亭、茶王阁感受茶道之美，品一碗茶姑奉上的凌云名茶，欣赏翠碧茶山的旖旎风光，陶醉在壮、汉、瑶的原生态山歌之中。游览茶山，不仅可以领略大自然的美景，还可以亲自采茶、制茶，体会茶乡人的生活。在茶山上，茶姑会先泡上一壶绿茶，然后再泡上一壶红茶，这是茶乡人为客人献上的一份厚礼。整个过程有鉴赏茶、备茶具、选清水、温壶洁具、洗茶、泡茶、分茶汤、选茶王、配茶后、敬茶仙、品尝茶等。尝到“旅游 +”甜头的万亩茶园，以“赏茶、采茶、制茶、品茶”为主题，加强产业链和公共服务建设（图 2–7）。随着茶文化体验区、民族风情街、观光酒店、环山骑行道的纷纷建成，景区开启由景点旅游向全域旅游发展的新征程。

图 2–7　凌云县白毫茶茶园

第二节 梧州六堡茶

六堡茶产于广西梧州市苍梧县，《苍梧县志》中写道："茶产多贤乡的六堡，味厚，隔宿不变。"清嘉庆年间便以其特殊的槟榔香而位列全国24种名茶之一。

在广西地方标准《六堡茶生产技术规程》（DB 45/T 435—2014）中，六堡茶的定义为"在广西壮族自治区梧州市现辖行政区域范围内，选用苍梧县群体种，广西大中叶种及其分离、选育的品种、品系茶树［*Camellia sinensis*（L.）O. Kuntze］的鲜叶为原料，按特定的工艺进行加工，具有独特品质特征的黑茶"。六堡茶红、浓、陈、醇，以独具槟榔香而著称于世。

一、产地环境

苍梧县六堡镇位于北回归线北侧，年均气温21.2℃，年降水量约1500 mm，无霜期约330天，土壤大部分为云斑石砂岩风化变成黄赤色沙土，含磷、铁元素多。六堡镇属桂东大桂山脉延伸地带，周围村镇峰峦耸立，海拔1000～1500 m，坡度较大，茶树多种植在山腰或峡谷。茶园所在的林区溪流纵横，山清水秀，日照短，终年云雾缭绕。历史上六堡茶的产区有恭州村（今为不倚村）、塘平村、罗笛村（今为四柳村）、蚕村等，以恭州村茶及塘平村茶品质最佳。据记载，恭州村地处崇山峻岭，树木翳天，所植茶树水源充足，且高山云雾独多，午后无太阳照射，水分蒸发少，故茶叶厚而大，味浓而香，往往价格昂贵。其次为塘坪村黑石茶山，其山由黑石与泥土构成，溪涧之水长流，茶树水分充足，茶叶大而厚。除六堡镇外，苍梧县的狮寨镇、贺州市的沙田镇以及岑溪市、横州市等20多个地方均产六堡茶。

二、品质特性

六堡茶本地茶树品种多为灌木型中小叶种，部分为乔木型大叶种，树姿开张，分枝密，大部分品种的芽叶主要为绿色（图2-8），少部分为紫色（图2-9），尤其到了夏季紫芽较多，约占20%。绿色芽叶品种产量最高，品质最好。春茶鲜叶含水浸出物42.65%、茶多酚28.77%、氨基酸总量3.12%、咖啡碱3.77%、儿茶素143.99 mg/g。

图 2-8 六堡茶茶芽

图 2-9 六堡茶紫色茶芽

六堡茶素以红、浓、陈、醇四绝而著称。其外形条索紧结，色泽黑褐有光润，汤色红浓明亮，滋味醇和爽口，香气陈香高纯，带有特殊的槟榔香，叶底红褐明亮。六堡茶采用传统的竹篓包装，通风透气，有利于茶叶贮存时内含物质的后续转化，使其滋味变醇、汤色红浓、陈香显露。六堡散茶经蒸制、压模，可制成六堡饼茶、六堡砖茶、六堡沱茶等，同样受到消费者的青睐。六堡茶耐久藏，越陈越好，越陈越香。在渥堆及贮藏过程中，六堡茶中的微生物会产生一种金色

孢子，俗称“发金花”，其能分泌多种酶，使茶叶内含物质加速转化，形成独特风味，且有益于人体。

南方自古多瘴气，六堡茶产地常年雾气萦绕，湿气尤重，六堡茶树几千年来为了适应环境，本身具备了抗“湿”的能力，再经过发酵工艺，茶叶经多次反复凉热变化，微生物菌群丰富，富含厌氧微生物和有氧微生物的代谢产物，茶多酚中儿茶素、黄酮、黄酮苷类等转化较好，产生丰富的氨基酸、茶多糖、各种维生素和微量元素，能够保护胃肠道黏膜，对改善肠道环境、活跃肠道益生菌有一定的功效。

六堡茶经过发酵工序后，性味平和，可以连续、长期饮用。湖南农业大学的刘仲华院士早年曾对六堡茶进行过研究分析，发现六堡茶具有调脂减肥、降血糖、调控尿酸、保护肝脏、调理肠胃、美容抗衰、抵御辐射、抵抗炎症等八大功效。

三、工艺特色

六堡茶根据工艺的不同，可分为传统工艺六堡茶和现代工艺六堡茶，分别俗称为“农家茶”和“厂家茶”。

1. 传统工艺六堡茶

采用杀青、初揉、堆闷、复揉、干燥、筛选、拼配或不拼配、汽蒸或不汽蒸、压制成型或不压制成型、陈化或不陈化、不经渥堆发酵的工艺（图2-10）。发酵程度较轻，茶性凉，饮用后能起到清热、泻火、凉血、解毒等功效，适合热性体质的人群。但经过长期陈化或选用“焗泡”的方式，其茶性可以转温。

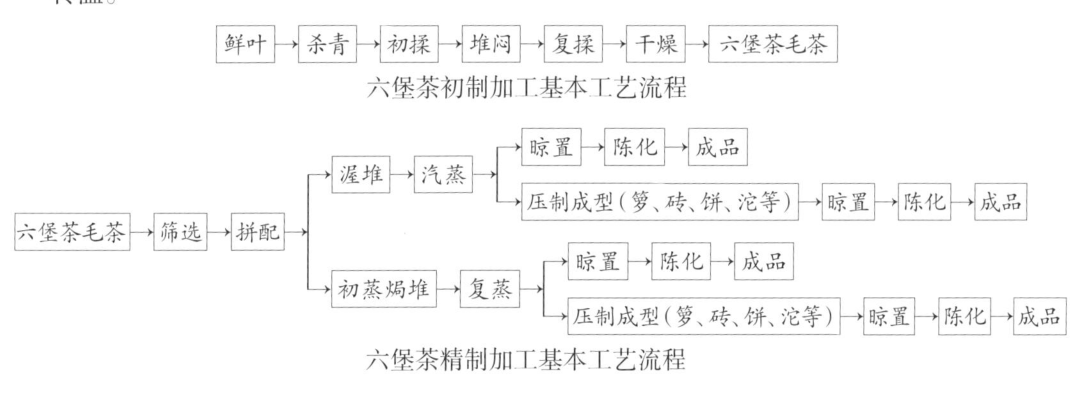

图2-10　六堡茶传统工艺流程

2. 现代工艺六堡茶

现代工艺六堡茶与传统工艺六堡茶最主要的区别在于，现代工艺六堡茶除堆闷外，还经过渥堆发酵工艺，所以发酵程度相对要高一些，茶性温，饮用后具有温中、补虚、祛寒的功效，适合寒性体质的人群。

四、品种分类

根据2011年12月30日实施的标准《地理标志产品　六堡茶》（DB45/T 1114—2014），按六堡茶的制作工艺和外观形态进行分类，可分为六堡茶散茶和六堡茶紧压茶。

六堡茶散茶（图2-11）是指未经压制成型，保持茶叶条索的自然形状，而且条索互不粘结的六堡茶。按照感官品质特征和理化指标可分为特级、一级至四级共5个等级。

六堡茶紧压茶（图2-12）是指经汽蒸和压制后成型的各种形状六堡茶，包括圆饼形、砖形、沱形、圆柱形等多种形状和规格。

图2-11　六堡茶散茶

图2-12　圆饼形紧压茶

五、特色茶文化

1. 茶史溯源

广西六堡茶已有1500多年的历史。六堡茶在历史上年产量和销售量曾达1500 t左右，但在抗日战争时期大幅下降，仅为3950担（197.5 t），至中华人民共和国成立初期有所恢复，1953年六堡茶产量达450 t。1954年后，六堡茶由国家统一制定收购等级样茶和价格，并由供销部门统一收购、外贸部门统一出口，实行计划性生产。2006年后，在当地政府积极推动及茶叶界的多方努力下，六堡茶迅速发展，年产量达5000 t。广西梧州茶厂的三鹤牌六堡茶为广西著名商标、中华老字号，畅销广东、广西、港澳地区和东南亚各国。

2. 神话传说

六堡茶中以梧州市塘平村黑石茶山出产的茶叶最为出名。传说黑石山上有两棵仙茶树，是六堡茶的始祖。关于这两棵茶树，流传着一段美丽动人的故事。

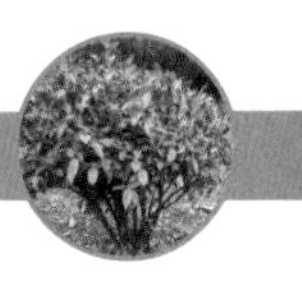

很久以前，王母娘娘下凡经过梧州六堡塘坪黑石村，因口渴喝了一口清泉，觉得清甜滋润，于是命两个仙女乘夜驱赶彩石来筑坝，以便把水集中起来，供她饮用。仙女们问坝筑在哪里，王母娘娘告诉她们一直驱赶彩石，直到天亮，妇女起床拍簸箕就停下来，那里就是筑坝拦水的地方。

于是两个仙女就从天上驱赶着彩石下来。彩石在空中光芒四射，把路过的地方照得亮如白昼。她们一路走，一路发现泉水流过的地方住着很多淳朴的村民，大家都靠着这水饮用、灌溉，如果筑坝一拦，可就断了下游村民的活路了。两个仙女不能违抗天命，又不忍心看着村民们遭遇不幸，急得哭了起来。

彩石的光芒引来了一只修炼千年的仙狗，它看到两个美丽的仙女赶着彩石边走边哭泣，很是奇怪，便上前询问缘故。仙女把心里的为难告诉了仙狗。好心的仙狗看着被彩石照得亮如白昼的天空，想出了一个办法：它跑到村庄的鸡窝里乱咬，惊得大公鸡直叫，村里的妇女们被鸡鸣声吵醒了，打开门窗一看，天空亮堂堂的，以为天真的亮了，就起来晾晒东西，把簸箕拍得啪啪响。仙女们听到拍簸箕的声音，于是丢下彩石返回天庭去了。彩石便从天上落到了村子旁边，但没有挡水筑坝，只在溪边堆成了一座五彩斑斓的石崖。

王母娘娘见小水坝没有筑成，非常生气，一查，发现原来是赶彩石的仙女心存恻隐，没把石头赶到位，盛怒之下，就把她们罚下天界，变成彩石崖旁边的两棵茶树。仙狗得知善良的仙女受了惩罚，非常伤心，日夜守候在彩石崖上，寸步不离陪伴着两棵茶树。

千百年过去了，彩石经历日晒雨淋渐渐变黑，仙狗也化成石头伏在山崖上。两棵茶树长得枝繁叶茂，村民们年年攀岩采摘，烧茶待客。客人们从来没喝过如此清澈而醇厚的茶水，无不啧啧称赞。村民劳作后饮来解渴，觉得特别润喉。上山打柴采菇，少不了随身带上一大葫芦茶水。村民们还采摘茶籽回去栽种，由于六堡这个地方峰峦叠嶂，云雾缭绕，特别适合种茶，于是就把这茶叫作六堡茶。经过历朝历代的培育繁衍，六堡茶慢慢发展起来，闻名天下。

第三节　桂平西山茶

桂平西山是佛教圣地，这里山青水绿，生态环境特别好。西山茶历史悠久，品质独特，又名棋盘石桂平西山茶、棋盘仙茗、乳泉春，是广西传统名茶之一，清代已被列为全国 24 种名茶之一，选为贡品。

2010 年 5 月 24 日，原国家质量监督检验检疫总局批准对西山茶实施地理标志产品保护。2019 年 8 月 1 日，西山茶被列入第六批贵港市级非物质文化遗产

代表性项目名录。

一、产地环境

桂平西山茶原产于广西桂平西山山脉一带以及周边山区。桂平西山又名思灵山，濒临浔江，是著名的佛教圣地，山上古松高耸，茶树散植其间，著名的乳泉流经茶园旁，泉润雾笼。《桂平县志》记载："桂平西山茶，出西山棋盘石乳泉井观音岩下，低株散植，绿叶铺菜，根吸石髓，叶映朝墩，故味甘腴而气味芬芳，炎天暑溽，避地禅房，取裂泉水煮之，扑去俗尘三斗，杭州龙井未能逮也。"短短数句便把桂平西山茶的优良品质描述得淋漓尽致。桂平西山处于北回归线上，海拔 700 多米，坐西向东，阳光充足，气候温暖，雨量丰沛，终年云雾缭绕，谓之"叶映朝暾"；西山为花岗岩结构，砂岩土壤极富矿物质，含天然磷，土地肥沃，谓之"根吸石髓"；西山沟壑纵横，甘泉四溢，谓之"御以灌溉"。名山、名水、名寺，孕育了一方名茶——桂平西山茶。

二、品质特性

桂平西山茶属有性繁殖系，灌木型，早生小叶种。植株大小适中，树姿开张，分枝密，叶片呈上斜或水平状着生；叶椭圆形，叶色绿或深绿，叶面微隆，叶缘平，叶身稍内折或平，叶尖钝尖，叶质中等；芽叶淡绿色，茸毛多。芽叶生育力强，发芽密度大，持嫩性好；开采期在 3 月下旬至 4 月初，产量高。其春茶 1 芽 2 叶，干样约含氨基酸 3.2%、茶多酚 27.5%、咖啡碱 3.9%，抗逆性较强，结实性强，适制绿茶。

桂平西山茶叶嫩条细，条索紧结，纤细匀整，呈龙卷状，锋毫显露，色质绿翠润泽，香气栗香持久，汤色碧绿清澈，滋味醇和，回甘鲜爽，叶底嫩绿明亮。有人把西山茶的香气描述为独特的蜜花香，随着季节变化，还有细致的表现："春茶清香持久，夏茶梨香显著，秋茶醇香高长，冬茶莲香幽雅。"饮后齿颊留香，经久耐泡，是绿茶中的上乘佳品。

三、工艺特色

桂平西山茶加工工序及工艺要求如下。

（1）鲜叶：为保持鲜叶的新鲜度，采下的鲜叶需及时运抵茶厂，采运过程中避免重压。

（2）摊凉：鲜叶薄摊在竹匾上，放在室内阴凉处。春季气温低，需要摊凉 7～8 小时，夏、秋季需要摊凉 3～4 小时。当鲜叶失水减重 10%时，摊青就合适。

（3）杀青：杀青温度为 200～250℃，晴天杀青温度稍低，雨水天杀青温

度稍高，时间 4 ～ 5 分钟。

（4）揉捻：用名茶揉捻机进行，加压过程采用“轻—重—轻”的原则，时间为 15 分钟。

（5）初干：采用高温快烘，温度为 110 ～ 120℃，烘至五六成干。

（6）整形：用手工炒，每锅投揉捻叶 0.6 kg，温度为 50 ～ 60℃，翻炒至叶热软时滚撩炒条，时间为 5 ～ 10 分钟。

（7）足干：足干遵循低温慢烘原则，温度为 70 ～ 100℃，烘至足干。

（8）提香：提香温度从高到低，温度为 50 ～ 70℃，前面稍高，后面逐渐把温度降低。

四、特色茶文化

1. 茶史溯源

桂平西山茶始植于唐代，创制于明代。距今已有千余年历史。明代随着西山佛教文化的兴盛，西山茶作为寺僧日常馈赠礼品，在粤、湘、桂等地广为流传，享有盛誉。到了清代，西山茶发展进入兴盛时期。其后，由于战乱，西山茶生产遭到重创，到 1949 年西山茶年产量仅数十千克。中华人民共和国成立后，在西山洗石庵释宽能法师（原中国佛教协会常务理事）和释昌慧法师的精心复垦培育下，西山茶很快恢复发展，茶园面积扩大到 300 亩，茶叶年产量 7500 kg 以上，1952 ～ 1961 年，两位法师曾 3 次将亲手加工的上等西山茶寄赠毛泽东同志品赏，得到了毛泽东同志的肯定回复。现在，西山茶迅速发展，种茶面积由原来几百亩发展到上万亩（图 2-13）。

图 2-13　桂平西山茶茶园

2. 神话传说

广西桂平市西山是西南的佛教名山（图 2–14），风景秀丽，盛产名茶，素有“山有好景，茶有佳味”的美誉。值得一提的是，西山茶还是与仙佛结缘的一款历史名茶。

图 2–14 西山公园洗石庵

传说，西山因其秀美幽清，常有神仙来此游玩。一天，东天大仙和西天大仙来此下棋，双方约定，输棋者受罚，按胜方要求照办。两个神仙下了很久，不分胜负。后来两个神仙都渴了，东天大仙吹了一口气，变出了一杯泉水；西天大仙也吹了一口气，变出了一杯香茶。两个神仙你喝水我饮茶，继续对弈。不料西天大仙变出的茶实在太香，自己都深深陶醉了，乱了棋路。东天大仙乘机将了他一军，西天大仙输了，只好认罚。

正巧几位云游和尚循香而来，问两位大仙何物如此清香，得知是香茶，便请求赐饮。东天大仙于是罚西天大仙把茶籽撒在这里，长出香茶供人们享用。只见西天大仙一甩袍袖，一颗颗茶籽撒落山上，不到一刻就长出嫩绿的幼芽，又不到一刻就长大成茶树。和尚们大声喝彩，赶紧去摘茶。可是有茶没水，怎么烹茶呢？东天大仙笑道：“这有何难！”他把手中杯子的水倾倒在地，那里立即涌出

一股泉水，水色白似乳，和尚们齐声喊道："乳泉！"

东天、西天两位大仙哈哈大笑，携手腾云而去。他们留下的棋盘，就变成了现在西山上著名的景点——棋盘石。西天大仙种下的茶树制成的茶叶也被称为西山茶，西山茶最早的茶园就在西山风景区棋盘石景点一带。在棋盘石附近，还能找到东天大仙变出的乳泉（图 2-15）。西山茶、乳泉水被人们称为"双美"。用乳泉水泡茶，茶叶入水，色泽翠绿乌润，汤色碧绿清澈，茶味更是独具特色，春茶清香，夏茶梨香，秋茶醇香，冬茶莲香，品茗一口，滋味甘腴，回味无穷。人们都说，西山茶和乳泉水均是仙人所赐，所以格外香甜。

图 2-15　桂平西山公园乳泉古井

西山茶的佛缘一直延续至 20 世纪 40 年代，当时巨赞、觉光两位大师住持西山，提倡佛教"学术化""生产化"的新概念，开辟棋盘石茶园，开垦种植荒芜已久的西山茶。后来洗石庵释宽能法师也率众弟子恢复种植西山茶。1989 年，释宽能法师圆寂后火化得 3 颗舍利子，成为中国佛教史上第一位火化后有舍利子的女尼。西山茶也随着释宽能法师的声誉名扬四海，誉满中外。至今，西山茶仍保留僧尼制作的传统，西山茶香，使高僧禅定、谪官忘忧，可谓茶禅一味也。

第四节　南山白毛茶

南山白毛茶古称“圣种”，以满披茸毫、色白如雪而得名。该茶在清嘉庆十五年（1810 年）被列为全国 24 种名茶之一。

一、产地环境

南山白毛茶原产于广西横州市那阳镇南山，目前在广西南部茶区均有种植。南山又名宝华山，位于横州城南，距横州市 3 km，坐落于那阳镇宝华村、勒竹村、政华村和南乡镇民生村之间，山色秀丽，松木翠竹，绿荫浓郁，云雾弥漫，因山顶常盖朝烟，古称“宝华朝烟”。南山的土壤属第四纪红土发育红壤，土层疏松，含砂砾多，具有良好的通透性，土壤有机质含量高，含有丰富的硒、磷、钾和其他矿物质。南山年均气温 20℃左右，冬无严寒，夏无酷暑。茶园（图 2-16）主要分布在南山寺及南山主峰一带，海拔约 500 m，白毛茶在此生长快，根系发达，垂直分布深，茶树耐旱，采摘期长，茶叶氨基酸含量高，口感香甜。

图 2-16　南山白毛茶茶园

二、品质特性

南山白毛茶属有性系，小乔木型，早生中叶种，抗寒抗旱性强。植株大小适中，树姿半开张或直立，分枝较密。南山白毛茶树叶薄而柔嫩，叶水平或稍上斜

升，叶片椭圆形，叶色绿或暗绿，叶面平或微隆起，叶缘平或微波，叶身多内折，叶尖钝或渐尖，叶齿锐浅，叶质较硬脆，叶柄微紫色，芽叶黄绿色，茸毛中等或多（图 2–17）。芽叶生育力中等，持嫩性较差。

图 2–17　南山白毛茶植株

春茶萌发期在 3 月上旬，开采期在 3 月下旬，产量中等。春茶 1 芽 2 叶（图 2–18），约含氨基酸 4.2%、茶多酚 25.9%、儿茶素总量 142 mg/g、咖啡碱 3.8%，抗螨能力、结实性较强，适制绿茶。

成品茶品质优良，身披茸毫，条索紧结弯曲，色泽翠绿；香色纯正持久，有荷花香和蛋奶香；茶汤清绿明亮，滋味浓厚，回甘滑喉。叶底嫩绿，匀整明亮。《广西通鉴》记载："南山白毛茶，叶背白茸如雪，萌芽即采，细嫩类银针，色味远胜他茶，而又兼有荷花香气及蜜味，饮之香滑而有余芳，真异品也。"

图 2-18　南山白毛茶嫩芽

三、工艺特色

白毛茶焙制方法精细，上品茶只采 1 叶初展的芽头，其他则采 1 芽 1 叶。遇有较大的茶茎和叶片须撕为 2 ～ 3 片。加工过程用锅炒杀青，扇风摊凉，双手轻揉，炒揉结合，反复 3 次，最后在烧炭烘笼上以文火烘干。完整加工工序为鲜叶摊青（3 小时以上）、杀青、揉捻、毛火、足火、毛茶、精制。

四、特色茶文化

1. 茶史溯源

据《中国茶经》记载，南山白毛茶乃明代建文帝下江南避难时，携白毛茶种于横州南山应天寺，所采之茶当时仅供建文帝一人饮用，故名圣种，南山白毛茶因此也称圣种白毛茶。

南山白毛茶与帝王有根，与佛家有缘，历经近 600 年的岁月沉积，底蕴深厚。清道光二年（1822 年），南山白毛茶在巴拿马国际农产品展览会上获得银质奖，为国际博览会中最早获奖的中国名茶之一。民国四年（1915 年），在美国旧金山举办的巴拿马太平洋万国博览会上，南山白毛茶再获银质奖。中国书法家协会前副主席、当代书法大师刘艺先生为圣种茶题“南山白毛茶”，笔势雄沉浑厚，纯朴如茶性。少林寺第三十一代接法传人、少林武僧团团长释德慈禅师刻写“圣种”“韵源圣种、味出南山”，茶史、茶人、茶事，古今风味，尽蕴字间。

中华人民共和国成立后，南山白毛茶酣伏几十载光阴，而今盛世欣萌。20

世纪 70 年代末，横州市繁育南山白毛茶获得成功，扩大了南山白毛茶的种植面积，1980 年发展到 1.7 万亩。80 年代，受全国茶叶产品调整影响，南山白毛茶产量一度停滞甚至下滑。90 年代后，随着茉莉花种植和花茶加工的迅速发展，南山白毛茶等绿茶生产逐步恢复。2009 年，南山白毛茶获农产品地理标志登记保护。

2. 传说故事

相传，南山白毛茶起源于明代，建文帝朱允炆隐居南山应天寺时，将所携带的 7 株白毛茶种于此地，故南山白毛茶亦名圣种白毛茶。

建文帝隐居南山寿佛禅寺，不仅是口头传说，也有一些史料记载。最早的记载见于王济（明正德十六年，即 1521 年，曾任横州判官）所著《君子堂日询手镜》："横人相传建文庶人遇革除，时削发为僧徒，遁至岭南，后行脚至横之南门寿佛寺，遂居焉，十五余年，人不之知，其徒归者千数。横人礼部郎中乐章父乐善广，亦从徒授浮屠之学。恐事泄，一夕复遁往南宁陈埠江一寺中，归者亦然，遂为人所觉，言诸官，达于朝，遣人迎去……今存其所书'寿佛禅寺'四大字在焉……"

又据《横州志》载：明正统年间（1436—1449 年），时建文帝住寺，有扩建，正统五年（1440 年），"帝归养西内后，遂不知所终云"。《徐霞客游记》中也写道："（应天寺）其寺西向，寺门颇整，题额曰'万山第一'。字甚古劲，初望之，余忆为建文君旧题……后询之僧，而知果建涯，而知果建文手迹也。"

数百年来，建文帝的故事在横州一带广为流传。后人叹息这位落难天子，塑像供奉，并在门额题名为"应天禅寺"，废去"寿佛寺"之称，应天寺得名源于此。在寺右侧上方，可见到 7 株茎如碗口般粗的大茶树，最粗的超过 20 cm，高约 4 m。据传，这就是建文帝亲植的"圣种白毛茶"。至今，应天寺里仍挂着一副对联：

僧为帝帝亦为僧一再传衣钵相沿回头是岸，

侄扶叔叔不扶侄三百岁江山如旧转眼皆空。

第五节　覃塘毛尖茶

覃塘毛尖茶为烘青绿茶，是广西贵港市覃塘区覃塘镇覃塘茶厂新创制出来的省级、国家级名茶。2015 年 2 月 10 日，原农业部正式批准对覃塘毛尖茶实施农产品地理标志登记保护。

一、产地环境

覃塘毛尖茶主产于贵港市覃塘区海拔1000多米的堪称“人间仙境”的平天山、松柏山以及六芦山。那里山高林密，苍松翠竹，土壤深厚肥沃，山间潺潺流水，云雾缭绕。日照充足，漫射光多，雨热同季，寒暑分明。

覃塘毛尖茶产区为南亚热带湿润季风气候，光温雨资源丰富。年平均日照时数为1613小时，年平均气温在23.9℃以上，大于或等于10℃的年积温为7313℃，昼夜温差明显，为11～12℃，空气中的负离子含量高，氧气充足。年平均无霜期长达306天以上，年平均相对湿度79.5％，年降水量1500～2100 mm，平均降水量1650 mm。降雨主要集中在夏季，冬季雨量少。产区温度、光照、降雨等条件有利于覃塘毛尖茶特色品质的形成。土壤多以紫页岩、砂页岩为成土母质，土层深厚、肥沃、疏松，有机质含量为3％～4.5％，土壤pH值为4.3～5.5，适宜茶树生长。茶园建在海拔300～500 m的山岭上，空气清新，生态环境俱佳，十分有利于茶叶中氨基酸和芳香物质的形成与积累。

覃塘毛尖茶产区内河流均属珠江流域西江水系，其中郁江为最大河流，其他主要河流5条，水力资源蕴藏丰富。产区境内主要河流河道总长148.13 km，集水面积1092.1 km^2，地表水可利用量11.11×10^8 m^3，水质优良无污染，符合国家相关标准。

二、品质特性

覃塘毛尖茶采摘1芽1叶，炒制工艺精细，品质独特。外形条索紧秀，色泽绿润，白毫显露；汤色清绿明亮，香气清高持久，带嫩板栗香，滋味鲜醇甘爽；叶底嫩绿明亮，匀整，可谓色香味俱佳。

三、工艺特色

覃塘毛尖茶生产执行《覃塘毛尖茶无公害生产规程》，茶园生产、茶叶采收和炒制过程严格执行有关卫生安全标准。炒制工艺主要有鲜叶摊放、杀青、清风、揉捻、理条、烘干、筛选、复香等8道工序。其中高温杀青是保证毛尖茶色泽翠绿的技术关键。理条、复香是毛尖茶成形和增香的重要工序，这样才能确保覃塘毛尖茶的质量。

采摘用折采和提采的方式，禁用指甲掐采，用手扭采、捋采、抓采，采摘标准为1芽1叶或1芽2叶初展。鲜叶采回后，摊放在阴凉、通风、卫生、干净处，摊放厚度约10 cm，摊放时间在8小时以内，应及时加工制作。成品包装使用无毒、无害、无异味的包装材料。提倡低温保鲜。贮藏时，仓库应注意防潮、

防霉、防虫鼠等。

四、特色茶文化

1. 茶史溯源

覃塘毛尖茶历史悠久，覃塘境内镇龙山、平天山海拔 500 ～ 700 m 的地带已发现较集中分布的野生茶 700 多亩，百年以上的野生茶树 150 株。20 世纪 50 年代，镇龙山和平天山一带茶产业得到较大发展，茶树种植面积达 3 万多亩。1966 年，覃塘公社和覃塘供销社联合派人远赴福建省福鼎县，将福鼎县名优茶种福鼎大白茶引回覃塘，由覃塘供销社在平天山下的松柏山一带种植，兴办覃塘供销社茶场，出产覃塘龙凤茶。1973 年，覃塘龙凤茶因外形条索紧结、有锋苗而被定名为覃塘毛尖。1992 年出版的由中国茶叶研究所所长陈宗懋主编的《中国茶经》，将覃塘毛尖茶作为名茶收录其中。1993 年版《广西年鉴》茶叶生产篇里重点提出发展覃塘毛尖，足见覃塘毛尖当时在广西茶叶产业里的名气和地位。2014 年，覃塘毛尖茶产区种植面积达 6.75 万亩，产量 1700 t。2017 年，覃塘毛尖茶种植面积 4.1 万亩（图 2–19），销售毛尖茶 1132 t，产值 6657 万元。

图 2–19　覃塘毛尖茶园

1973 年，覃塘毛尖茶被正式列为广西名茶。1982 年 6 月，覃塘毛尖茶在全国名茶评选会上荣获“全国名茶”称号。1989 年，覃塘毛尖茶在原农业部召开的全国名茶评比中被评为全国名茶。2015 年 2 月 10 日，原农业部正式批准对覃塘毛尖茶实施农产品地理标志登记保护。2020 年 7 月 27 日，覃塘毛尖茶入选第二批《中华人民共和国与欧洲联盟地理标志保护与合作协定》保护名录。覃塘毛

尖茶农产品地理标志地域保护范围包括覃塘区覃塘镇、东龙镇、三里镇、黄练镇、石卡镇、五里镇、樟木镇、蒙公镇、山北乡、大岭乡等10个乡镇及所辖的138个行政村7个街道居委会。保护范围位于东经108° 58′～109° 18′，北纬22° 48′～23° 25′。

2. *神话传说*

在贵港，覃塘毛尖茶也有一些有趣的传说。平天山山顶的草坪上有一大石棋盘，两个石人面对面席地而坐，聚精会神对弈。这就是贵港市著名景点——北岭仙棋。相传天上仙人闻到覃塘的茶香，纷纷下凡寻找茶叶。两位老神仙留恋覃塘毛尖的鲜醇，在山上品茗对弈，忘了返回仙境，久而久之便化为石人。贵港有俗语"神仙都难忍"，说的就是因覃塘毛尖茶太香太醇，神仙也为之倾倒。

第六节　兴安六垌茶

一、产地环境

华江瑶族，位于广西桂林市兴安县西北部被称为华南之巅的猫儿山脚下。这里山势高峻，溪涧纵横，一年四季风景如画。从莽莽原始森林中流下来的河，称为六垌河。因为这里云雾雨露丰沛，矿物质含量极高，所以数百年间，无数野茶树在这里生根发芽，茁壮成长，出产的茶叶质量极佳，深受清朝皇帝的喜爱，曾一跃成为清朝贡品茶（图2–20）。

图2–20　兴安六垌茶生长环境

二、品质特性

六垌茶色翠、香浓味醇，在清朝就作为贡品进贡朝廷。六垌茶的特点是茶叶久煮不烂，茶水一周不馊，水色呈金丝而透明，用井水烧开冲茶，揭盖后，气水上冲，久久不散，形似凤尾缭绕而上，一屋清香。

六垌茶最适宜用 90℃的山泉水冲泡，泡出的茶汤金黄透亮，闻起来有股淡淡的蜜香，入喉滋味醇厚，香气深沉而特异，让人回甘生津，神清气爽。因其为野生茶，茶气更足，底蕴也更香浓，所以茶叶可以做到久煮不烂，茶水一周不馊。“清时贡御茗，今制渐蜚声，茶选漓源嫩，精装六垌情。”用六垌茶制作的油茶，香飘瑶寨。

三、制作工艺

制作六垌茶，最传统的做法是选取鲜嫩的茶叶（图 2–21），放置在高温的锅中进行杀青，以发出“噼里啪啦”的声音为最佳，然后不停地翻动，让每片叶均匀受热，直至熟透。接着抛散茶叶，把热气散去，转用小火维持 10 分钟左右，把茶叶倒于簸箕上沤 7 ～ 8 小时，每隔 1 小时揉搓 10 分钟，同时不停地抛散解块，待茶叶变至金黄色时，先用大火烘烤转化，待茶叶六成干时，再转用小火烘烤 24 小时，品质上佳的六垌茶便制作完成了。

图 2–21　六垌茶鲜叶

四、特色茶文化

2017 年，在桂林市举办的首届茶文化节上，六垌茶一举夺得金奖。2019 年中国－东盟博览会期间，野生茶论坛举办广西野生茶比赛，六垌野生红茶在 60 多个品种中脱颖而出，位居前 5 名。其色翠、香浓味醇，与武夷、龙井、毛尖等茶共负盛名。

六垌茶是怎样受皇帝恩宠并列为贡品而名扬天下的？在民间流传着一段故事。相传在清咸丰年间，数百个强盗强行进驻六垌河（即华江），霸占了这里的大片竹林，挖掘冬笋，加工玉兰片。因烘烤玉兰片要用煤，如果到有煤的山外去挑，费时又费事，他们就在当地勘察，就地开采挖煤。

由于强盗在开采煤矿时，将大量的土石方堆积在洪山岭河床，造成河道阻塞，春夏雨季河水暴涨，泛滥成灾，以致大片良田被毁。不仅如此，这些强盗还在六垌河抢夺民财，强占民女，强迫老百姓每年无偿向他们提供茶叶。老百姓对他们恨之入骨，但却奈何不了，当地官府也置之不理。

洪山岭脚下有一位名叫伍元相的落第秀才，精通祖传的民间医术，又有胆识，发誓要上京城告御状，为平民百姓出一口气。他写好了状纸，在一位姓蒋的大户人家的资助下，带着 2 个随从，费时 3 个多月，历尽千辛万苦终于来到了京城。但是，他无法见到皇上，只好暂时住下来，靠行医度日。

时值盛夏，京城到处流行一种类似痢疾的怪病，得此病的人又吐又泻，日渐消瘦而死。伍元相用一些草药和六垌茶熬成浓汁让病人喝，两三剂就可康复。一时间，伍元相的名字便在京城传开了。

说来也巧，丞相未满 10 岁的小儿子也得了这种怪病，且久治不愈。有人把伍元相推荐给丞相，伍元相只用了 3 次药就顺利为丞相的儿子治好了病。丞相对伍元相十分感激，一定要重谢他，但伍元相说什么也不收礼，只求丞相能让他见到皇上，丞相满口答应下来。

过了几天，皇上终于召见了伍元相。伍元相向皇上行礼后，先献上一包精制的谷雨时节采摘的六垌茶，说："这是小民从万里之外的六垌河带来的六垌茶，请皇上品尝。"

皇上见到这形如金针的六垌茶，马上命人沏上一杯。顿时，一股清香弥散开来。皇上品茶后，连声称好。伍元相趁此时机连忙呈上状纸。皇上阅后，龙颜大怒，立即下了一道圣旨，革除了无能官吏之职，严惩了那伙强盗，并将六垌茶列为贡品，要六垌山民每年将上等的六垌茶进贡朝廷。从此，六垌茶便美名远扬。

第七节 贺州开山白毛茶

一、产地环境

开山白毛茶是广西贺州市八步区特产，中国国家地理标志产品。开山白毛茶栽培历史悠久，是广西名茶之一，主产于广西贺州市八步区开山镇。生长在土壤肥沃、雨量充沛、云雾缭绕的群山中（图 2-22）。开山白毛茶产区位于萌渚岭山脉中，地形呈东北—西南走向，包括 4 个乡镇，最高的山峰是与湖南江华瑶族自治县交界的马塘顶，海拔 1787 m；海拔 900 ～ 1300 m 的高山有近 20 座，多为崇山峻岭，地形层峦叠嶂。山地土壤类型主要有砂页岩红壤、花岗岩红壤和砂页岩黄红壤、花岗岩黄红壤等。产区内土壤 pH 值为 4.5 ～ 6.5，适宜茶树生长和有效成分的积累。2014 年 11 月 18 日，原农业部正式批准对开山白毛茶实施农产品地理标志登记保护。

图 2-22 开山白毛茶茶园

二、品质特性

开山白毛茶（绿茶）外形紧细、匀整，有锋苗，白毫显露；香气清香、浓郁，苹果香突显；汤色清绿明亮；滋味醇厚甘爽。茶叶水分≤ 6.3%，总灰分≤ 4.92%，粗纤维≤ 11.4%，水浸出物≥ 56.4%，茶多酚≥ 23.6%，游离氨基酸≥ 2.5%。

产品符合《食品安全国家标准 食品污染物限量》（GB 2762—2022）和《食品安全国家标准 食品农药最大残留限量》（GB 2763—2016）的卫生安全

指标要求。

三、工艺特色

开山白毛茶是广西贺州市生产的一种条形炒青茶。炒制开山白毛茶须用本地原种茶树嫩叶（图 2–23），外来或引种的茶树皆不可用。开山白毛茶种植要选择土层较厚、水分充足、向阳背风的地方，将原种茶籽直接埋进土壤里，土生土长。其选种的特殊性是开山白毛茶品质优良的重要原因。

图 2–23　开山白毛茶植株

开山白毛茶从鲜叶到炒制成茶品需要七八道工序，全由手工完成，制茶工艺中，杀青、炒青是关键。杀青时温度很重要，过高或过低都不行，温度适度才能让鲜叶中的香气透发；铁锅中没有温度计，需要用手去感知估测，在炒青翻炒时稍有不慎，手掌触及铁锅即被烫伤，这些靠的都是炒茶人长年的经验。制成的茶品，外形细圆光直、白毫显露。冲泡后汤青叶绿，始饮时微苦，随后回甘，清香馥郁，满口生津，苹果香味独特，色香味俱佳。数百年来，开山白毛茶制作技艺不仅全靠师徒之间言传身教，还要凭韧性和长期实践的体会及感悟才能掌握，难以言表，原料的加工受到气候、材质的影响很大，没有具体的理化指标，全凭经验掌握，制作技艺独具一格，因此被列入广西第四批非物质文化遗产名录。

四、特色茶文化

曾有史料记载，清乾隆皇帝下江南到桂林时，有一位老人请乾隆品茶。乾隆端起茶杯嗅了一下，忍不住赞叹一声“好茶”，并忍不住追问“此茶出自何

处”，老人答道：“茶出贺县开山，开山茶也。此茶一道水，二道茗，三道四道味犹未穷。”接着皇帝冲上第二道水，轻呷一口，不由自主地拍桌叹道：“妙哉，真乃一品开山茶，天下无佳茗也。”从此，贺州开山白毛茶美名传扬至今。

2004年，开山白毛茶在广西名茶“桂茶杯”评比中获特等奖，2012年其制作技艺被列入自治区级非物质文化遗产名录（图2–24），2014年入选农产品地理标志保护产品（图2–25），2016年在全国农业文化遗产普查中，“广西八步开山白毛茶文化系统”上榜，2017年入选全国名特优新农产品名录。

图2–24　开山白毛茶制作技艺被列入自治区级非物质文化遗产

农产品地理标志
登记证书

中华人民共和国农业部

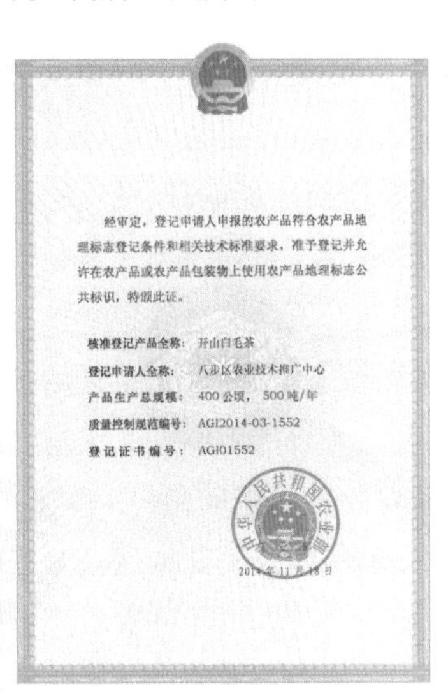

经审定，登记申请人申报的农产品符合农产品地理标志登记条件和相关技术标准要求，准予登记并允许在农产品或农产品包装物上使用农产品地理标志公共标识，特颁此证。

核准登记产品全称：开山白毛茶
登记申请人全称：八步区农业技术推广中心
产品生产总规模：400公顷，500吨/年
质量控制规范编号：AGI2014-03-1552
登记证书编号：AGI01552

图2–25　开山白毛茶地理标志产品证书

第三章 中外饮茶

第一节 中国用茶的源流及饮茶方法的演变

中国是世界上最早发现、栽培和利用茶叶的国家，是茶的故乡、茶文化的发源地。据历史资料考证，茶树起源于中国，早在5000多年前，我们的祖先就发现了茶有解毒的功效。如今，茶已经成为风靡世界的三大无酒精饮料之一。

唐代陆羽在《茶经》中称，“茶之为饮，发乎神农氏，闻于鲁周公……盛于国朝”，指茶的历史可以追溯到神农氏时代，在鲁周公时代有文字记载，并兴于唐朝。虽然神农氏最早发现并利用茶只是传说，但中国茶文化的确形成于唐代。据考证，中国饮茶习俗始于西汉，起源于巴蜀，经东汉、三国、两晋、南北朝后，逐渐向中原地区传播，饮茶风尚由上层社会向民间发展，饮茶、种茶的地区越来越广。中国人对茶的利用也从最初的药用，逐渐到菜食，然后到汤煮，最后发展到饮用。纵观几千年的中国饮茶史，总体发展过程是由混饮走向清饮、由实用走向实用与艺术并行。整个中国饮茶史的发展过程主要经历了以下阶段。

一、茶叶使用原始阶段——先秦时期

“神农尝百草，日遇七十二毒，得茶而解”，是茶叶作为药用的开始。先秦时代，人们把茶叶直接放进嘴里嚼，以消除劳作之后的疲乏。商代及商代以前，茶被视为珍物，用作祭品，商代以后茶发展成为贡品。春秋时期，人们开始将茶树枝条和芽叶一并放入水中煮成菜汤，因味苦涩，故称之为苦菜。

二、形成饮茶风气阶段——两汉、魏晋、南北朝时期

中国饮茶始于西汉巴蜀地区，在当时茶是供上层社会享用的珍稀之品。两汉时期，一方面茶作为四川特产进贡到京都长安，并逐渐向当时的政治、经济、文化中心如陕西、河南等北方地区传播；另一方面，四川的饮茶风尚沿长江水路传播到长江中下游地区。到了魏晋、南北朝，茶由巴蜀向中原广大地区传播，茶叶生产地区不断扩大，饮茶风尚从上层社会逐渐向民间发展，茶逐渐成为日常饮品。从晋代开始，佛教、道教徒与茶结缘，以茶助修行，客来敬茶成了普遍的礼仪。

三、饮茶风气全国传播阶段——唐代

唐代是我国封建社会空前兴盛的时期，也是我国古代茶业大发展的时期。从唐代开始，贡茶正式列为茶政的一个项目，当时一些权贵为博取帝王的欢心，争相献上优质茶品，在搜求各地名茶的过程中，要先行比试茶叶的优劣，从而出现了“斗茶”的风气。自唐开元年间起，上自天子下至黎民百姓，几乎都不同程度地饮茶，茶事活动达到空前规模。

唐代饮茶讲究鉴茗、品水、观火、辨器。在饮茶方式上，唐代中叶盛行煎茶，并规范了煎茶法的具体步骤，即炙茶、碾末、煮水、煎茶、酌茶。制茶以团茶、饼茶为主，饮时碾碎茶叶烹煮，有加调味品的，也有不加的。同时出现蒸青方法制成的散茶。

唐代饮茶风气盛行与佛教的盛行有很深的渊源，和尚坐禅靠茶提神，佛门茶事盛行，带动信佛的善男信女饮茶，从而促进了饮茶风气的普及。尤其是在茶圣陆羽出现后，茶道兴盛。陆羽的《茶经》记录了茶的饮用历史，是唐代以及唐代以前有关茶事的总结。《茶经》第一次全面地总结了唐代以前有关茶叶和茶器等方面的经验，推动了茶叶生产和茶学的发展。

四、饮茶风气兴盛阶段——宋代

宋代的茶叶生产空前发展，饮茶之风非常盛行，茶已成为民众日常生活中的必需品，为“开门七件事”之一，而且饮茶的风俗深入到民间生活的各个方面。中国茶历史上历来就有“茶兴于唐，盛于宋”的说法。

宋代制茶工艺有了新的突破，制茶分为团饼茶和散茶，以团饼茶为主，福建建安北苑出产的龙凤团茶名冠天下。较之于唐代煎茶，宋人更喜爱典雅精致的点茶艺术。在宋代，茶不再投入锅里煮，而是用沸水在盏里冲点末茶。从城市到乡村，从皇室贵族、文人、僧侣到黎民百姓无不点茶。由于宋代饮茶之风盛行，所以还风行评比调茶技术和茶叶优劣的“斗茶”，亦称“茗战”。

宋代点茶用饼茶，将饼茶碾碎成粉末，再用茶罗筛过。茶粉越细越好，所以要求茶罗十分细密。在点茶之前，要用开水冲洗杯盏，预热饮具。点茶时，先将适量茶粉放入茶盏，点泡一些沸水，将茶粉调和成清状，然后再添加沸水，边添加边用茶匙击沸。点泡后，如果茶汤的颜色呈乳白色，茶汤表面泛起的“汤花”能较长时间挂在杯盏内壁不动，才算点泡出一杯好茶。饮用时连茶粉带水一起喝下。点茶追求茶的真香、真味，不掺任何杂质，还十分注重点茶过程中的动作优美协调。

到了元代，饼茶逐渐衰落，以散茶、末茶为主，制茶工艺已与现代蒸青绿茶的工艺差不多，民间大众已大多饮用散茶。

五、饮茶风气的鼎盛阶段——明清时期

历史上正式废除团饼茶的是明太祖朱元璋，皇室提倡饮用散茶，民间自然蔚然成风，并将煎煮法改为冲泡法，这是饮茶方法史上的一次革命。

明代在茶叶生产上有许多重要的发明创新，首先在绿茶生产上除改进蒸青技术外，还产生了炒青技术，即采摘后的茶叶不须经过蒸熟，而是用热锅手炒杀青。其次是花茶的生产，花茶出现于宋代，当时是以龙脑香入茶。蔡襄《茶录》提到："茶有真香，而入贡者微以龙脑和膏，欲助茶香。"南宋时有用茉莉花焙茶，到明代，许多花都可以用来窨制花茶。最后是乌龙茶，大约在明中期出现于武夷山，后来传播至闽南、潮汕及台湾等地。红茶也是起于明而盛于清的，最早在福建崇安一带，开始生产小种红茶，后演变为工夫红茶，其生产技术还传播到安徽、江西各地。到了清代，无论是茶叶、茶具还是茶的冲泡方法大多已与现代相似，六大茶类齐全。

清代在茶饮方面的最大成就是工夫茶艺的完善。工夫茶是适应叶茶撮泡，经过文人雅士的加工提炼而成的品茶技艺，大约在明代形成于江浙一带，后扩展到闽粤等地，在清代转移到闽南、潮汕一带，至今"潮州工夫茶"仍享有盛誉。

明清时期的茶文化在文化艺术方面的成就除茶诗、茶画外，还产生了众多茶歌、茶舞和采茶戏。采茶戏大约在明代中期以后于江西的赣南九龙山一带产生，至清代兴盛起来，后传播到邻省各地，是明清茶文化史上的一个重大成就。

六、中国茶叶再现辉煌阶段——现代

到清代后期，我国茶叶生产开始由盛转衰，19 世纪后半叶我国年均产茶 20 多万吨，出口茶叶 10 多万吨，出口量占当时世界茶叶贸易的 80%以上，但到了 20 世纪初，由于列强入侵，茶叶生产一落千丈。

中华人民共和国成立后，国家高度重视经济建设，茶叶生产有了飞速发展。我国茶园面积占世界第一位，产量占世界第二位，出口量占世界第三位。乌龙茶在日本历久不衰，并在韩国和南亚地区深受青睐。花茶在中东地区和俄罗斯广受欢迎。随着科学的进步、工业的发达，人们的生活节奏加快，茶叶消费向多元化和有益健康的方向发展，21 世纪的茶饮料消费将有辉煌的前景。2020 年，中国茶叶的内销量超过 220 万吨，茶叶消费群体达到 4.9 亿人。生活中以茶待客、以茶会友、以茶为礼、以茶清政、以茶修身已成为中国人最普遍的习俗。

第二节　中国茶文化

一、潮州工夫茶

潮州工夫茶亦称潮汕工夫茶，是广东潮汕地区一带特有的传统饮茶习俗。潮汕的工夫茶最负盛名，蜚声四海，被尊称为“中国茶道”。

潮州工夫茶是中国古老传统茶文化中最具代表性的一种，融精神、礼仪、沏泡技艺、巡茶艺术、评品质量为一体，既是一种茶艺，又是一种民俗，是“潮人习尚风雅，举措高超”的象征，被列入国家级非物质文化遗产代表性项目名录。潮州工夫茶历史悠久。中国茶文化盛行于唐朝，潮州工夫茶则盛行于宋朝，贵族茶就是源于潮州工夫茶，已有千年历史。日本的煎茶道、台湾的泡茶道均来源于潮州工夫茶。

所谓工夫茶，并非一种茶叶或茶类的名字，而是一种泡茶方式。这种泡茶方式极为讲究，操作起来需要一定的工夫。“工夫”二字在潮语意中乃比喻做事考究、细致而用心。以前，在潮汕地区，把从事带有一定技术含量工种的人称为“做工夫人”，称做事考究、细心认真为“过工夫”。可见，加上“工夫”二字的潮州工夫茶是一件很讲究的茶事活动，是潮州人对精制的茶叶、考究的茶具、优雅的冲沏过程，以及品评水平、礼仪习俗、闲情逸致等方面的整体总结及称谓。潮州工夫茶对泡茶所需要的工夫，不仅是冲泡的技艺，更是品饮的能力。

工夫茶以浓度高著称，初喝似嫌其苦，习惯后则嫌其他茶不够滋味了。工夫茶采用的是乌龙茶，如铁观音、水仙茶和凤凰茶，介于红茶和绿茶之间，为半发酵茶，只有这类茶才能冲出工夫茶所要求的色香味。凤凰茶产自潮州凤凰山区，茶汤色泽微褐，茶叶条索紧结、叶质厚实，很耐冲泡，一般可冲泡 20 泡左右。凤凰单丛茶最有名，具有桂花、茉莉、蜂蜜的风味，曾在福州举行的全国名茶评选会上斩获桂冠。工夫茶的茶具，炉子是红泥小炭炉，一般高 1 尺 2 寸（尺、寸均为非法定计量单位，1 尺 ≈ 0.33 m，1 寸 ≈ 3.33 cm，下同）；茶锅为细白泥所制，锅炉高 2 寸，底有碗口般大，单把长近 3 寸；冲罐如红柿般大，乃潮州泥制陶壶；茶杯小如核桃，乃瓷制品，其壁极薄。

标准的工夫茶艺，有后火、虾眼水（刚开未开的水）、捅茶、装茶、烫杯、热罐（壶）、高冲、低斟、盖沫（以壶盖将浮在上面的泡沫抹去）、淋顶十法。潮州工夫茶一般主客 4 人，主人亲自操作。首先点火煮水，并将茶叶放入冲罐中，投茶量以茶叶占冲罐容积的七分为宜。待水开即冲入冲罐中，然后盖沫。盖沫后首先冲杯，以初沏的茶浇冲杯子，目的在于体悟茶的精神、气韵，营造品茶的气氛。洗过茶后再冲入虾眼水，此时，茶叶已经泡开，性味俱发，即可斟茶。斟茶时，4 个茶杯并围一起，以冲罐巡回穿梭于 4 杯之间，直至每杯均达七分满。此时罐中茶水也应刚好斟完，余津还需一点一抬头地依次点入 4 杯之中。潮汕人称此过程为“关公巡城”和“韩信点兵”。4 个杯中茶的量、色须均匀相同，方为上等工夫。最后，主人将斟毕的茶双手依长幼次序奉于客前，先敬首席，然后左右嘉宾，自己最末。潮州工夫茶不同于一般的喝茶，首先，一般喝茶用大杯大口大口地喝，而工夫茶是小杯小杯地品，品茶之意与其说为解渴，不如说在品茶之香，以茶叙情；其次，潮州工夫茶特别讲究食茶的礼节，待茶冲完，主客总是谦让一番，然后请长者、贵宾先尝，杯沿接唇，茶面迎鼻，闻茶之香，一啜而尽，这一套礼仪正是中国传统的茶道。

二、盖碗茶

1. 成都盖碗茶

盖碗茶是传统的饮茶风俗，盛行于清代京师（北京），名家贵族、宫廷皇室以及高雅的茶馆皆重盖碗茶，后来各地都流行。在汉族和回族居住的大部分地区都有喝盖碗茶的习俗，而中国西南地区的一些大中城市尤其成都最为流行。在四川成都、云南昆明等地，盖碗茶已成为当地茶楼、茶馆等饮茶场所的一种传统饮茶方法，一般家庭待客也常用此法饮茶。盖碗宜于保温，又称“三才碗”，是一种上有盖、下有托，中有碗的茶具，盖为天，托为地，碗为人，暗含天地人和之意。

茶有茶道，茶器亦当体其道，器、道相宜，方能相得益彰。嗜茶者，爱品茗，好茶道，也极重茶器，有意无意中体现了茶器与实用并重的目的。鲁迅先生在《喝茶》一文中写道：“喝好茶，是要用盖碗的。于是用盖碗。果然，泡了之后，色清而味甘，微香而小苦，确是好茶叶。”可见，在众多碗、盏、壶、杯之中，鲁迅先生独爱使用盖碗喝茶，用盖碗泡茶可以体现出茶叶的优劣。

深谙茶道的人都知道，品茗特别讲究察色、嗅香、品味、观形。以杯、壶泡茶不利于察色、观形，亦不利于茶汤浓淡的调节。杯形茶具呈直桶状，茶叶泡在杯中全被滚烫的沸水焖熟了，何来品茗之雅趣，只可作牛饮。北方盛行的大壶泡茶，茶汤温度易冷却，香气易散失，不耐喝且失趣味。此外，茶泡久了，茶的品质也会下降。无论从品茗鉴赏还是从养生保健的角度而言，用杯、壶泡茶的不足显而易见。

盖碗茶是成都市的“正宗川味”特色。凌晨早起的时候，清肺润喉一碗茶；酒后饭余的时候，消食解腻一碗茶；劳心劳力的时候，解乏提神一碗茶；亲友相聚的时候，聊天交流一碗茶；邻里纠纷的时候，冰释前嫌一碗茶，已经是古往今来城乡居民的传统习俗。在四川茶馆，堂倌边唱喏边流星般转走，右手握长嘴铜茶壶，左手卡住锡托垫和白瓷碗，左手一扬，“哗”地一声，一串茶垫脱手飞出，茶垫刚停稳，咔咔咔，碗放在茶垫上，拿起茶壶，蜻蜓点水，水柱临空而降，泻入茶碗，翻腾有声；须臾之间，戛然而止，茶水恰与碗口平齐，碗外无一滴水珠。这种冲泡盖碗茶的绝招，往往使人又惊又喜，成为一种艺术享受。

品饮盖碗茶有其独特的摆放暗语，如品茶时茶盖朝下，靠着茶托，意思就是告诉跑堂的堂倌要求往盖碗里续水，这种茶盖朝下靠茶托的方法，一般只能用两次，如果还想第三次续水，就得等到茶馆给所有人统一加水；在盖碗上放一个类似火柴、小石子、树叶等小东西，意思是告诉堂倌，茶客临时离去，别收茶具，少时即归，跑堂也会将茶具、小吃代为看管；把茶盖竖起来插在茶托和盖碗之间，意思是告诉茶馆，今天没带够钱，先赊账，下次再一起给，熟客一般都是用这样的方式赊账，而茶馆的老板也明白，就互相留点面子；将茶盖朝天放进茶碗当中，意思是喝完茶走人了，相当于通知茶馆老板可以收茶具了。

2. 回族盖碗茶

宁夏回族人有喝盖碗茶的传统习俗。在回族中，盖碗俗称盖碗子、盖碗盅。一套完整的盖碗茶具由托盘、茶碗、碗盖 3 件组成。茶碗是用来冲泡茶叶的，底小口大，外沿略向外张开。托盘是用来托茶碗的，又称茶托、茶船。碗盖略小于碗口，可严密地扣在茶碗中，且能保温保味，使泡出来的茶不走味。茶具上绘有山水相间的图案或文字，一般不绘人和动物图像。整套茶具精巧玲珑，清雅素净，极具欣赏价值。一般回族人喜欢用宁夏石嘴山出产的质地细白的陶瓷茶具，用这种盖碗茶具泡出来的茶，茶味纯正，色鲜甘爽，使人回味无穷。

盖碗茶所用茶叶多为陕青、茉莉、龙井等细茶。一般根据不同的季节和自己的身体状况配出不同的茶，夏天多饮茉莉花茶、绿茶，冬天多饮陕青茶；驱寒和胃饮红糖砖茶，消积化食、清热泻火饮白糖清茶，提神补气饮冰糖窝窝茶，明目益思、强身健胃、延年益寿饮八宝茶。喝盖碗茶时，用托盘托起茶碗，用盖子刮几下，使之浓酽，然后把盖子盖得有点倾斜度，用嘴吸着喝。不能拿掉上面的盖子去吹飘在上面的茶叶，也不能接连吞饮，要一口一口地慢喝。当喝完一盅还想喝时，碗底要留一点水，不能喝干。回族盖碗茶的一大特点是所用配料花样繁多，有白糖或红糖、花生仁、芝麻、红枣、桃仁、柿饼、果干、葡萄干、枸杞子、桂圆肉等。花生仁、芝麻是事先炒熟的，如果讲究一些，连红枣也要事先用炭火烤焦，称焦枣。这种配料齐全的称八宝盖碗茶。其他如用陕青茶、白糖、柿饼、红枣沏成的叫白四品盖碗茶，用砖茶、红糖、红枣、果干沏成的叫红四品盖碗茶，用云南沱茶、冰糖沏成的叫冰糖窝窝茶盖碗茶，用砖茶、红枣、红糖沏成的叫红糖砖茶盖碗茶，用陕青、白糖沏成的叫白糖青茶盖碗茶。

招待客人时，主人将配料备齐，将茶叶和各种配料放入茶碗中，为了表示对客人的尊重，主人会揭开碗盖，向客人一一介绍所用配料，然后再去沏茶。如果客人不喜欢加糖，可事先说明。主人介绍完后，客人点头称谢。沏茶时，主人左手拿起碗盖，右手提一壶滚沸的开水注入茶碗内，盖上盖碗。待冲泡 5 ～ 10 分钟，将碗盖拿起来在茶碗中轻刮一下，双手捧起献给客人，并道一声“请喝茶”。

客人喝茶时，先将碗盖在茶碗表面轻刮几下，将浮在茶汤表面的茶叶、芝麻刮到一边，然后将碗盖斜盖在碗口上，留出一条小缝作为饮口，以左手托着托盘，右手拇指和中指夹住茶碗，食指轻按碗盖，无名指托住碗底，从饮口处轻饮品尝，最好不要发出响声，否则会被认为是没有教养的表现。

主人会随时为客人添茶，客人若想告辞，则从茶碗中捞出一颗红枣放进口中，主人即明白客人的意思，一面热情挽留，一面则做送客的准备。假如并不打算离开，切莫贪吃碗中食物。当然，客人自冲自饮时又另当别论。

俗话说，回族家中三件宝：汤瓶、盖碗茶、白孝帽。喝盖碗茶是回族人生活中的一件要事。他们把沏盖碗茶叫转盖碗子、抓盅子，喝茶则叫刮碗子。回族人喝盖碗茶的习俗与他们的生活习俗有关。回族人喜吃牛羊肉，粗纤维的牛肉不易消化，而热性的盖碗茶具有消食、化痰等功效，所以回族有“金茶银茶甘露茶，顶不上回族的盖碗茶”这样的俗语。

三、藏族酥油茶

藏族人民视茶为神之物，因其食物结构中，乳、肉类占很大比重，而蔬菜、水果较少，故从历代“赞普”至寺庙喇嘛，从土司到普通百姓，藏民均以茶佐食，餐餐必不可少。藏族流传着“宁可三日无粮，不可一日无茶”的说法。

藏族饮茶方式主要有酥油茶、奶茶、盐茶、清茶。藏族酥油茶是最受欢迎的饮用方式（平均达 73.9%），其次是奶茶。在西藏，每个藏族家庭中随时都可见到酥油，酥油是每个藏族人每日不可缺少的食品。藏族家庭里一天至少要饮 3 次

茶，有的甚至多达十几次。简单地说，将特制的茶叶煮成汁，加入酥油、食盐和精制的香料，在茶桶中用茶杆搅拌成水乳交融状，即是酥油茶。

藏族酥油茶是一种以茶为主料，并加有多种食物经混合而成的饮料，藏语为“恰苏玛”，意思是搅动的茶。酥油茶滋味多样，喝起来咸里透香，甘中有甜，它既可暖身御寒，又能补充营养。

酥油从牛奶、羊奶中提炼。以前，牧民提炼酥油的方法比较特殊，先将奶汁加热，然后倒入一种称作“雪董”的大木桶里，用力将“甲罗”——打酥油茶用的木棍上下抽打，来回数百次，搅得油水分离，上面浮起一层湖黄色的脂肪质，把它舀起来，灌进皮口袋，冷却便成酥油。在碗中盛适量酥油茶，搁一片酥油使之溶化，再掺入糌粑搅拌而成“玛巴”。抓糌粑时，大拇指扣住碗沿，其余四指不停地转动，待酥油与糌粑拌匀便捏成小团而食。

在西藏，喝茶的茶具也十分讲究。喝茶的茶碗有瓷碗“噶吁”、银碗“俄波”、玉碗“央池”、木碗“星泼”等。按藏族传统，民间一般人使用得最多的是木碗，这种木碗一般用桦木、杂木雕琢而成。用木碗喝酥油茶具有不烫嘴、喝茶香、携带方便等特点。

藏族人民非常热情好客，还有自己喝酥油茶的独特习俗。一般喝酥油茶时端起碗来，用无名指沾茶少许，弹洒 3 次，意为奉献给神、龙和地灵，再往酥油茶碗中轻轻地吹一圈，将浮在茶上的油花吹开，然后呷上一口，并赞美道：“这酥油茶打得真好，油和茶分都分不开。”饮茶不能太急太快，不能一饮到底，要留一半左右，等主人添上再喝。一般以喝 3 碗为吉利，不能一口喝完。去西藏做客要注意，热情的主人总会将客人的茶碗添满。如果你不想再喝，就不要动它；假如喝了一半，不想再喝了，主人把碗添满，你就摆着。客人准备告辞时，可以连着多喝几口，但不能喝干，碗里要留点漂油花的茶底。

四、瑶族、侗族打油茶

1. 恭城瑶族打油茶

“来到恭城打油茶，老脸笑成两朵花。一连喝它三大碗，回到当年十七八。”广西当代歌王、著名壮族艺术家古笛先生在恭城瑶乡采风时，曾这样热情洋溢地讴歌广西恭城油茶。

恭城瑶族自治县地处岭南之南，湘桂边界，四面群山环抱，北高南低，地势独特，全县总面积 2149 km^2。恭城自古盛产茶叶，早在隋大业十四年（618 年）最初建县时，县名为“茶城”而不叫“恭城”，恭城一名是唐代以后才更改的。

恭城瑶族人民长期居住在地僻人稀的瑶山区，至今仍保留着极具民族地域特色的饮食风俗——打油茶（图 3–1、图 3–2）。

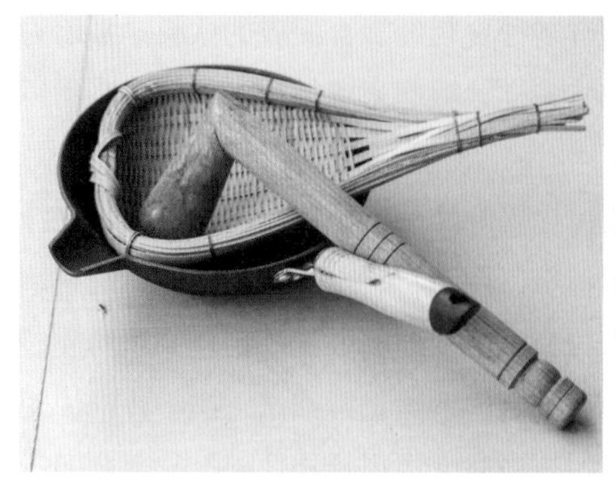

图 3–1　恭城油茶工具三件套

图 3–2　打油茶

油茶中的茶叶有丰富的茶碱，生姜驱寒湿，大蒜消毒，花生米补充能量，具有消食健胃、祛湿避瘴的功效（图 3–3）。喝油茶时入口先咸微苦，继而甘醇净爽，茶香浓烈，甘甜可口。饮后生津止渴，提神醒脑，具有祛湿热，防治感冒、腹泻的功效。

图 3–3　打油茶的主要原料

据传，乾隆皇帝下江南，沿途百官主大献殷勤，山珍海味无不尽献，吃得乾隆茶饭不思，见食生厌，众御厨顿时束手无策，恐慌不已。这时，一位恭城的御厨忽然想起家乡油茶的功效，就赶紧制作工具，做出恭城油茶献给乾隆皇帝。乾隆一口气喝了三大碗油茶，顿时口舌生津，胃口大开，欢喜之下，御赐恭城油茶为“爽神汤”，油茶因此名声大振，代代留传。

油茶最初是瑶族人发明的一种强身健体的饮料。千百年来，恭城油茶得以传承发展而且长久不衰，主要是得益于既有好传统，又有新发展。中华人民共和国成立后，恭城油茶在传统工艺和基本用料的基础上，增加了瘦肉、猪肝、粉肠、虾仔、油果等配料，制作工艺也较精细。目前，恭城油茶主要有2种：甜性油茶和苦性油茶，以苦性油茶最为兴盛。如今，恭城人每天早上都要打油茶，喝油茶已成为恭城人民饮食中不可缺少的部分。

油茶不说煮而称“打”，是桂林一带的称法，而各县的油茶也各有其不同的风味。恭城人喝油茶，是与食品结合在一起，食品与茶同食，叫“送油茶”。送油茶的食品很多，传统的有炒米（米花）、炒花生米、排散、油炸锅巴、红薯、芋头、玉米及各种粑粑，如柚子叶粑、狗舌粑、大肚粑、油堆粑、羊角粽等（图3–4、图3–5）。随着时代的发展，“送油茶”的食品越来越丰富，受到越来越多人的青睐。

图3–4　恭城油茶小吃

图3–5　传统油茶及主要佐料

在当地，吃油茶是一件很有趣的事情。主人和客人围坐在炉灶旁边，由主妇操作，第一碗油茶献给长辈或贵宾，表示敬意。然后按坐序一碗一碗地递给其他客人和自家人，同时递上一双筷子。人们接过茶碗后暂将油茶放在自己面前稍等，待主妇说过“请吃吧，配料不好请多包涵”后，大家才一起执筷端碗，边吃边谈，乐趣无穷。吃完第一碗油茶，筷子由客人自己拿着，把小碗递给主妇或她的助手，按照坐序依次摆在桌子上，随后盛第二碗油茶。一般每人至少喝4碗，这是当地“酒三茶四”的习俗，如果少吃是对主人不敬。喝过4碗后，若不想再喝，就把筷子架在自己的小碗上，表示感谢主人盛情招待。否则，主妇会不断地给你添加油茶，直到客人把筷子架在碗上为止。这种习俗从唐代沿袭至今。

恭城油茶现已作为地方民族特色食品进入市场，该县各大排档、酒楼乃至宾馆都为客人提供了油茶这一独具风味的食品，常常吸引着各地游客千里迢迢来恭城品尝油茶，从而推动当地旅游事业的发展（图 3–6）。有山歌这样唱道："恭城瑶乡有土俗，常用油茶来泡粥，不信你来喝两碗，赛过喝酒和吃肉。""瑶寨油茶誉四方，千里慕名来品尝。因为那年喝一碗，回家三天嘴还香。""莫讲恭城礼信差，进门就喊打油茶。油茶好比仙丹水，人人喝了人人夸。"

图 3–6 油茶招待客人

恭城油茶根植恭城，享誉八桂。2008 年，恭城油茶被列为自治区级非物质文化遗产（图 3–7）。恭城油茶已获得国家工商总局商标局核发的地理标志证明商标注册证书，成为广西首个地方特色小吃类产品地理标志证明商标的食品。

图 3–7 恭城油茶被列为自治区级非物质文化遗产

2. 三江侗族打油茶

三江侗族自治县（以下简称“三江”）是广西柳州市最北面的一个少数民族聚居县，境内的老百姓都有打油茶的习俗，特别以侗族、苗族为甚。侗家人喜欢喝油茶已有上千年的历史。喝油茶，一般还配有糯米饭，油茶泡冷米饭或糯米饭是三江的传统喝法。一种科学的说法是因为侗族人世世代代居住在高寒山区，油茶具有御寒防病、生津解渴、提神醒脑、解除疲劳等功效。因其味微苦，所以又被称为“侗族咖啡”。

侗族历来有打油茶的习惯，凡到三江生活过一段时间的人，自然也有此爱好。侗家喜种植茶树，代代相传，而喝油茶是侗寨民众的早餐主要方式。三江盛产仙人山茶，品质很好，优质茶叶产自八江、独峒、同乐。农民靠产茶致富，积极性高涨，“十五”期间茶叶生产成为支柱产业。

三江侗族同胞喝油茶也有一套流程：第一碗吃小半碗油茶，只放些米花和花生；第二碗多加些佐料，还有酸菜、酸鱼、酸肉和牛肉巴之类供食用者送茶；第三、第四碗主要是汤圆或糍粑片作佐料，如来不及做汤圆、糍粑，则用糯米饭代替；第五碗多为甜品。一般都要喝够 5 小碗，主人才高兴，不然主人以为自己打的油茶不好喝，客人不领情。

关于油茶以及打油茶有一个美丽的传说。相传在很久以前，有一个侗族姑娘，她的父母早年双亡，于是到姑妈家生活，纺纱织布，其乐融融。一个偶然的机会，她到邻村参加文化交流活动，在那里不但学会唱侗歌，还学会油茶的制作工艺。

回家后，她教妇女们打油茶，家乡的妇女打油茶的手艺越来越高，她的知名度也逐日提高。这位姑娘一天三餐打油茶，一日三时饮茗茶。她不仅形象美丽如西施，而且心地善良，裁缝艺精。有一年秋月的甲子日，侗族地区的人们为了一睹她的风采，在她门前的田野上堆满装饭的笋皮，像小山一样。她架桥铺路，积善成德，德艺双馨，一辈子五福临门，活到了 99 岁。在湘、黔、桂三省区交界方圆数百里，她是一位功德卓著的“萨老”（祖母），有侗家“女神”的称号。每月初一和十五，人们以香火敬之，以油茶祭之。

三江县委、人民政府和旅游部门认为，侗族油茶是三江区别于其他地区特有的一种饮食，是三江本土民族饮食文化的代表之一。该县在启动创建全国旅游标准化省级示范县之后，把部分油茶店列为特色餐饮试点单位，并计划制定《旅游特色餐饮油茶店服务规范》等地方标准，在全县范围内推广实施。

五、客家擂茶

擂茶是客家人最普通也是最隆重的一种待客礼仪，客家擂茶是保留下来的中国最古老的茶道之一，也是传统的食俗。客家人热情好客，以擂茶待客更是传统的礼节，无论是婚嫁喜庆，还是亲朋好友来访，都请喝擂茶。客家人制作擂茶，以妇女见长。保留擂茶古朴习俗的地方有广东揭西、普宁、陆河、清远、英德、海丰、陆丰、惠来、五华等地，湖南安化、桃江、桃源、常德、益阳等地，江西全南、赣县、石城、兴国、于都、瑞金等地，福建将乐、泰宁、宁化等地，广西贺州黄姚、公会、八步等地，台湾的新竹、苗粟等地。

1. 擂茶用料

制作客家擂茶要科学合理地配料。茶叶、芝麻为主要原料，配料可随时令变换。春夏湿热，可选用鲜嫩的艾叶、薄荷叶、天胡荽；秋日风燥，可选用金盏菊花或白菊花、金银花；冬季寒冷，可选用桂皮、胡椒、肉桂子、川芎。还可按人们所需配不同材料，形成多种多样多功能的擂茶，如加茵陈、白芍、甘草，为清热擂茶；加鱼腥草、藿香、陈皮，为防暑擂茶。

2. 制作方法

先将 100 g 绿茶置于擂钵中，以擂棍磨擂之，擂时加少许冷开水，使茶叶润滑而好擂，再放入黑芝麻及白芝麻，继续擂，待擂至茶叶、芝麻都成糊状后，加入花生继续擂，直到花生全部擂散了，再加入香菜、九层塔或鸡头刺等清香配料，擂至全部成茶浆即可，整个过程需 15 分钟以上。在擂茶过程中，须持续使用双手力量，常会汗流浃背，初学者会因力量控制不均衡，常擂了两三分钟就频频休息了，而老师傅知道如何控制力道，所以不用换手，一气呵成。因此，擂茶时可达到运动健身的目的。在研擂过程中，擂棍中的成分也同时磨入擂砵中，因此擂棍一定要用可食的树材制作，如芭乐树、油茶树，擂棍成分与擂茶及其他配料一同食下，正发挥擂茶的效果，因此擂棍选用为研制擂茶的最独特之处。

研擂好的茶浆冲入约 1500 ml 开水，如要甜食可加入适量糖，如要咸食则可加入适量盐，正统擂茶以咸食为主。如此一锅又香又浓又养生的擂茶茶汤即制作完成。

3. 当地风俗

请喝擂茶是客家传统的社交方式。每逢婚嫁寿诞、乔迁之喜、亲朋聚会、邻里串门，常以擂茶相待。擂茶席上，一般还有糖果、饼干、瓜子、花生等松、甜、香、脆的佐茶食品。

一场擂茶席，就是一幅淳朴的风俗画。一张张桌子排开来，男女老少团团围坐。这边客人喝着茶，论今说古，谈笑风生，那边女主人手持擂棍，在擂钵内有节奏地旋转擂动，时而像高山流水，时而似鸾凤和鸣，构成一幅立体的民俗风情图。

六、白族三道茶

三道茶也称三般茶，是云南白族招待贵宾的一种饮茶方式，属茶文化范畴。驰名中外的白族三道茶，以其独特的“一苦、二甜、三回味”的茶道早在明代就已成为白家待客交友的一种礼仪。2014 年 11 月，白族三道茶被列为第四批国家级非物质文化遗产。

三道茶第一道为“苦茶”，即雷响茶。制作时，先将水烧开，由司茶者将一个小砂罐置于文火上烘烤。待罐烤热后，取适量茶叶放入罐内，并不停地转动砂罐，使茶叶受热均匀，待罐内茶叶转黄，茶香扑鼻，即注入已烧沸的开水，便会发出悦耳的响声。主人将沸腾的茶水倾入茶盅，再用双手举盅献给客人。茶经烘烤、煮沸而成，看上去色如琥珀，闻起来焦香扑鼻，通常只有半杯，一饮而尽，滋味苦涩。这道茶较苦，饮后可提神醒脑，浑身畅快。

第二道为“甜茶”，以红糖、乳扇为主料。乳扇是白族的特色食品，是一种乳制品。当客人喝完第一道茶后，主人重新用小砂罐置茶、烤茶、煮茶，并在茶盅内放入少许红糖、乳扇、桂皮等，这样沏成的茶香甜可口。此茶味道甘甜醇香，有滋补的功效。

第三道为“回味茶”。煮茶方法相同，只是茶盅中放的原料已换，用生姜、花椒、肉桂粉、松果粉，加入蜂蜜、炒米花、花椒、核桃仁，再加入茶水冲泡，茶水通常为茶盅的六七分满。味麻且辣，口感强烈，令人回味无穷。这道茶喝起来酸、甜、苦、辣俱全，回味无穷。第三道茶是白族人民用麻辣表示亲密，因此白族三道茶有着欢迎亲密朋友的意思，是白族同胞接待贵客的礼仪。

三道茶寓意人生“一苦，二甜，三回味”的哲理，现已成为白族民间婚庆、节日、待客的茶礼。

第三节　东盟茶文化

一、泰国茶文化

根据泰国的史书记载，在素可泰王朝时期，泰国跟中国有着密切的文化交流，那时便有了泰国人喝茶的记载，可见泰国的饮茶历史相当悠久。但当时茶只在泰国首都供应，泰国人懂得喝茶，也喜欢泡茶招待客人。他们泡茶时使用陶罐，先将一些热水倒入陶罐中，然后放入一小撮茶叶，加入一些热水将茶叶浸泡，最后再次将热水倒入陶罐中。如果茶太浓，就继续往陶罐里加热水，如果茶太淡则会继续加茶叶。倒茶的时候往杯里倒入半杯茶，一边聊天一边喝茶，而且当时的泰国人不在茶里加糖，而是像中国人一样喝热茶，可以看出当时泰国人喝茶的特点和中国人喝茶很相似。

然而随着时代的变迁，由于其地理位置、气候、文化等因素的影响，泰国人逐渐形成了自己独特的饮茶方式和饮茶文化。泰国作为东南亚热带国家，常年气温较高，气候炎热，为了解暑降温，泰国人喜欢喝冰冰凉凉的饮品，因此他们的饮品以冷饮为主，一年四季均如此，比如冰水、各种冰镇饮料，而且所有饮品都喜欢加入大量的冰块，无冰块不成饮，喝茶自然也喝的是冰茶。

与中国喜欢直接品味清淡的茶香不一样，泰国人喜欢在茶里加入各种配料。泰国的冰茶品种多样，由于泰国盛产各种热带水果，因此泰国人喜欢将各种各样的新鲜水果或果汁加入茶中，调制成颜色鲜艳、口感特别的冰茶。冰茶一般用红茶来制作。泰国人的口味偏甜，他们喜欢在冲好的茶里放入糖和牛奶，最特别的是在茶里加入香料，然后再放入冰块。

在泰国，不管是在高档的酒店还是城市街头，或是在街角处的小摊，常会看到一款橙色的奶茶。这就是被称作“泰茶”的泰式奶茶。泰式奶茶呈橙色，颜色厚重，喝到嘴里会有一股特殊的泰国茶叶的香味。

正宗的泰式奶茶使用深度烘焙的红茶制作，在制造过程中加入八角、罗望子及其他香料，因为泰国人感觉橙色看起来比茶色更美味，所以在红茶中加入食用色素做出橙色效果，使奶茶最终呈现为鲜亮的橙色。除了茶叶的香味，根据口味喜好，还可在茶里加入糖和炼乳。泰式奶茶一般都是现场冲泡，制作泰式奶茶的流程大概是先将茶叶分放进有纱布袋的小杓中，用开水冲泡两三遍，再倒入玻璃瓶中，加入炼乳充分搅拌，最后倒进盛满冰块的饮料杯或饮料袋中，一杯可口的泰式奶茶就制作完成了。

除了做出水果茶、奶茶的花样来，泰国人还喜欢用龙舌兰、伏特加、兰姆酒等和冰茶一起调配。

二、越南茶文化

根据历史记载，越南种植茶树已经有 3000 多年的历史。由于纬度的差异，越南茶树的种植区主要分布在中部和北部地区，毗邻中国广西，因此很多风俗习

惯也与广西相似，饮茶文化也如此。每个越南普通家庭都保留着待客敬茶的礼节，每每有客人来，主人都会敬上一杯清茶，在议婚行聘和举行婚礼时也都有受茶之礼。

随着时代的发展，由于受到西方文化的影响，越南的茶文化也渐渐西化，逐渐形成自己独特的茶文化。与中国有特定的茶馆以及偏向表演泡茶功夫的文化不同，越南的茶馆非常少，喝茶的地方大多在承载着茶馆功能的西式咖啡馆里。越南人认为喝茶是一种安心静神、远离喧嚣、与友人谈心的重要方式。受气候条件和民族习俗的影响，越南茶文化也融入了当地悠闲、随意的生活风格。越南人对喝茶的环境要求并不高，除一般的咖啡馆外，普通老百姓更喜欢露天喝茶，路边的大树下随便摆上几张桌椅，一把茶壶，几个杯子，再加上一些零食小吃就构成流动式的茶摊，足够人们闲暇之余三五成群地喝茶聊天。

对于茶叶的加工，与中国人喜欢喝原汁原味茶汤的口感不同，越南人更喜欢在茶叶中加入各种香料，调制成香味浓郁的茶。通常越南人饭前不喝茶，习惯用餐结束才喝茶，他们认为饭后喝茶既帮助消化，又起到清洁口腔的作用。越南生产的茶叶主要有红茶、绿茶、花茶、干茶、鲜茶，其中绿茶是越南人日常生活中不可或缺的饮品之一。绿茶主要用于国内消费，而其他茶叶主要用于出口。

（1）绿茶（图 3-8）：由于地处热带的缘故，越南人更倾向于喝生津止渴的绿茶。优质的绿茶一般摘取大叶种茶树 1 芽 2 叶来进行加工，因形似鱼钩也被称为勾茶，而其中带白毫的茶最受青睐，又被称为毛尖茶。

图 3-8　越南绿茶

（2）花茶：越南人常把各种花做为原料加入到茶叶中，使茶叶染上花的香味，即用鲜花熏茶叶，鲜花主要有莲花、茉莉花、玉兰花、米籽兰、金粟兰、菊花等，每一种茶有不同的香味，而其中以莲花茶最为珍贵，被称为越南花茶之首。

（3）红茶：越南传统的红茶制作方法是摘取茶叶发酵数日，然后揉捻后放入茶器中保存，数年后取出蒸制，然后风干。将制好的红茶再进行一次加工，使用莲花进行窨制，制作出极具浓郁越南特色的红茶。

（4）干茶（图 3–9）：干茶与一般茶叶强调使用嫩芽不同，干茶使用成熟的叶片为原料，经过简单地晒干或炒干制成茶。沏茶时一般取适量茶叶揉搓一下，放入茶壶里煮沸或者浸泡后饮用。

图 3–9　越南干茶

（5）鲜茶（图 3–10）：以没有经过加工的新鲜茶叶为原料，一般有煮茶和泡茶两种饮用方式。煮茶是直接从树上摘取新叶，放入陶质或铜质的大壶里煮，煮到茶叶浮起后饮用。泡茶是把摘下的茶叶洗净，切碎后放到茶壶中，注入少量水洗一遍倒掉，然后加满开水，泡半小时后饮用。

图 3-10　越南鲜茶

三、缅甸茶文化

缅甸茶叶产区主要为掸邦南部及北部地区，以生产腌茶、红茶、绿茶为主。在缅甸，茶文化十分盛行，每个社区、街道至少会有一家茶馆可以喝到红茶和绿茶。缅甸有极具特色的腌茶。腌茶的食用方法是先将茶树的嫩叶蒸一下，然后再用盐腌，最后撒上其他佐料，放在口中嚼食。缅甸是少有的以茶叶为食材的国家，茶叶可以制成腌制茶和沙拉酱等，广受缅甸人喜爱。因为当地气候炎热，空气潮湿，而食用腌茶时，又香又凉，所以腌茶成了当地世代相传的一道家常菜。缅甸人除喜欢腌制茶叶外，用茶叶碎酱、炸豌豆、炸胡豆瓣、炸花生、炸大蒜、番茄片、生蒜、白菜丝、芝麻混在一起做的茶叶沙拉也非常常见。腌茶也会大量地使用在缅甸传统菜肴上。

另外，受英国文化的影响，缅甸人喜欢喝加奶的红茶，再配上一两种简单的点心。奶茶一般由红茶加上炼乳、淡奶勾兑而成，由小玻璃杯或瓷杯、瓷盘盛着，口味很甜。缅甸人一天喝上三五次茶是常事，生活非常悠闲。路边茶摊也随处可见三五成群的男士边看电视边喝红茶，充满市井烟火气的餐饮氛围是普通老百姓喝茶的方式。茶餐厅除了奶茶，一般还有各式糕点、咖啡、炒饭、炒面、沙拉、米粉、面包、蛋糕等食物。

四、马来西亚茶文化

马来西亚位于东南亚，紧邻马六甲海峡，是君主立宪联邦制国家，首都吉隆坡，全国分为13个州和3个联邦直辖区。马来西亚人口3268万人，其中马来人占69.1%，华人占23%。马来西亚是全球较具发展潜力的茶叶消费市场之一。作为一个伊斯兰教为主的国家，马来西亚国内穆斯林人数众多，而受伊斯兰教独特饮食文化的影响，穆斯林禁止饮酒，也正因如此，茶叶成了马来西亚人民喜爱的饮料。2018年，马来西亚平均每人每年茶叶消费量约为920 g，位列全球第13位。作为一个多元经济国家，马来西亚人口由马来人、华人、印度人以及其他少数民族共同组成，尽管各民族习惯不同，但对茶叶接受程度都相对较高，各品种和类型的茶叶均能接受。其中，随着拉茶的流行，红茶消费量迅速增长，占茶叶市场消费总量的75%以上。从茶叶产出方面来看，马来西亚虽然气候条件优越，但国内茶叶产量相对较低，大部分茶叶供应需要依赖进口。

马来西亚特色饮茶方式为拉茶。拉茶是一种用特殊工艺制作成的奶茶，使用的原料通常是红茶。做法是先将红茶泡好，滤出茶渣，并将茶汤与炼乳混合；倒入带柄的不锈钢铁罐内，然后一手持空罐，一手持盛有茶汤的罐子，将茶汤以相距1 m的距离倒入空罐。由于茶汤在倒入空罐的过程中，两手距离由近到远，近似于拉的动作，故名“拉茶”。如此动作反复交替进行不能少于7次，就可调制出一杯既有茶风味，又有牛奶浓香味的又香又滑的马来西亚拉茶。拉茶制作除配料要求严格外，“拉”是关键技术。正是由于对茶汤的反复拉制，茶汤和炼乳的混合更为充分，并且使牛乳颗粒因受到反复倒拉、撞击而破碎，形成乳化状态，使其既能与茶汤有机结合，又能使茶香和奶香获得充分的发挥。

五、新加坡茶文化

新加坡别称“狮城”，有“花园城市”的美誉。当地大部分人为华侨或华裔，因此他们也很爱饮茶。在茶叶市场上，备受消费者青睐的有新加坡TWG Tea茶业公司的茶叶。该公司创立于1837年，TWG是“The Wellness Group”的缩写。TWG Tea将茶叶做成高端奢侈品品牌，公司称其茶叶来自全球45个原产地，全部从当地优质茶园直接采摘回来，再经手工配制成独特的调配茶。茶产品有800多个，种类繁多，不仅卖单品茶，还卖许多自主创新的混合茶。TWG Tea品牌茶叶每50 g价格为100～5000元。

新加坡一道与茶相关的特色美食是肉骨茶，为家喻户晓的排骨药材汤。这道美食用药材、大蒜和香料加上猪肉骨烹煮而成，食用时配以米饭、辣椒、黑酱

油。烧制时，猪肉骨先用佐料进行烹调，文火炖熟。有的还会放入党参、枸杞子、熟地等滋补名贵药材，使猪肉骨变得更加清香味美，而且能补气生血，富有营养。它是大众的早餐和夜宵。去新加坡，茶客入座，店主便端上热气腾腾的大碗鲜汤，碗中有五六块排骨，加一碗香喷喷的白米饭，还有一盘切成寸把长的油条，茶客可根据各自口味加入胡椒粉、醋、盐等调味品。吃完一大碗肉骨茶，接着是一小盅潮州工夫茶，茶杯极小，泡的是很浓微带苦味的普洱茶，或者如大红袍、铁观音之类的乌龙茶，喝起来滋味浓醇，馨香入肺。

第四章　茶叶加工与进出口贸易

第一节　茶叶加工制造

目前市场上的各类茶叶，是指以茶树嫩芽、叶、茎制成的产品，为采摘茶树当年新生的新鲜芽叶、嫩茎，经过初制工艺加工制成。在初制过程中形成了茶叶的形、色、香、味等基本品质特征，不同的初制加工工艺形成了不同的茶叶种类。

在制茶过程中，茶叶中多酚类物质（比如儿茶素）等主要化学成分通过生物酶作用（酶促氧化）、湿热化学变化（非酶促氧化）、微生物作用（微生物氧化）等作用于茶叶内含物质，促进茶叶内含物质发生变化，转化形成各种色、香、味的物质，形成了丰富多彩各具特色的茶类。

一、绿茶

绿茶是中国茶叶种类中生产历史最早、产量最大、名品最多的茶类。据史料记载，在公元 8 世纪，绿茶加工发明了蒸青茶叶的制法，12 世纪发明了炒青制法，一直沿用至今，并不断完善。

绿茶的采摘标准有单芽、1 芽 1 叶或 1 芽 2 叶等，采下的鲜叶经适当摊放后，经杀青、揉捻、干燥等典型工艺制成。

1. 杀青

杀青是利用高温杀灭茶叶中多酚酶类的活性，阻止茶叶氧化变红的过程，是绿茶加工过程中的关键性工序，决定茶叶的品质。主要是通过高温破坏鲜叶中酶的活性，阻止多酚类物质氧化变红，散发青草气，使茶叶变软，易于揉捻。杀青方式主要如下。

（1）蒸气杀青：是最早的绿茶加工杀青方式，利用蒸气的高温进行杀青。具有穿透力强、杀青时间短的特点，有利于保持绿茶的色泽，减少粗老茶、夏秋茶中的苦涩味。

（2）滚筒杀青：是目前茶叶生产中主要的杀青方式，利用滚筒杀青机（有柴、煤、天然气、电等热源方式）杀青，广泛应用于各类名优绿茶和大宗绿茶

的加工。其优点是成本较低，适用于大规模连续化生产，但对使用者技术要求较高。

（3）热风杀青：近 10 多年来在茶叶加工中应用的新型杀青方法，利用热风发生炉产生的高温热风对鲜叶进行高温杀青。能快速完成杀青，均匀杀透鲜叶，并且具有耗能少、能连续作业、效率高的优点。但产生末茶多，易焦边、爆点，有烟焦味。

（4）微波杀青：在茶叶加工过程中利用微波技术使水分子做高速振动，产生摩擦热，迅速破坏鲜叶中的酶活性，制止多酚类酶促氧化从而杀青。优点是杀青时鲜叶升温迅速、加热均匀、杀青质量好。但微波杀青机产量低，对配电设备要求较高，能耗和成本高。

2. 揉捻

利用手工或机械将茶叶搓揉成形，缩小茶叶体积。揉捻是茶叶造型的重要工序，其作用主要是使茶叶初步成型，卷紧茶条，缩小体积，形成独特外形，同时破坏叶细胞，揉出茶汁，使茶汁流出黏附于叶表，增加茶叶滋味，有利于冲泡出味，提高耐泡度。

揉捻的方法有手工揉捻和机械揉捻，前者主要用于名优茶叶加工，采用人工团式顺时针方向揉捻；后者采用揉捻机揉捻，普遍使用于茶叶批量化生产。目前中国的揉捻加工工艺已经实现机械化。

机械揉捻根据叶温的不同，揉捻方式有冷揉、余热揉和热揉 3 种。

（1）冷揉：在杀青叶的温度降至室温后进行揉捻，这样的茶叶色、香、味均好。

（2）余热揉：对于中等鲜叶原料，在揉捻过程中没有外界热量的供给，将杀青叶趁热揉捻，有利于卷紧茶条。

（3）热揉：对较粗老的鲜叶原料，利用杀青余热进行揉捻，边揉捻边干燥，随着揉捻的进行，茶叶水分有所减少，既便于成条，又促进内含物质转化，减少茶叶粗老气味。

对于揉捻型名茶而言，做形时间越长，茶叶香气越低。因此，在保证外形品质的前提下，揉捻技术应以轻压、短时为主，缩短做形时间，可以减少香气的损失。

揉捻机大多为揉桶揉盘式结构，机器工作时通常需要结合人力来实现，压力控制、清洁机器、送茶、排茶等都需要人工操作。

目前茶产业中使用的揉捻机主要有两类，一是平板履带式，茶叶在履带上揉捻前进；二是用几个常规揉捻机联装而成。名茶揉捻机是名茶加工中结构比较成熟的机械，常用的型号有 25 型、30 型和 35 型等；加压形式有重锤式和单柱丝杆式 2 种。

揉捻机的发展趋势是连续化和自动化。为实现揉捻的连续化、自动化控制，在对揉捻机结构进行创新设计的基础上，借助机械优化理论及技术创新结构设计，涌现出许多有代表性的设计并运用于茶叶生产加工。下面举例介绍较有代表性的设计。

（1）双搓动的新型揉捻机：该揉捻机实现了揉桶相对于揉盘的转动，揉盘相对于机座的转动。机器设有可上下左右移动的自动加压盖，与传统的揉捻机相比，揉捻效率更高，茶叶条索更紧，且省去了人工操作。

（2）自清洁的半自动揉捻机组：该机组解决了揉捻机需要定时人工清理茶渣和灰尘的麻烦。机组的两侧设有支撑板和可升降的支撑柱，支撑柱的顶部设有升降板，升降板上设置收集风机和收集箱等自动清洁装置。支撑柱下降带动升降板向下，使自动清洁装置工作，达到清理揉捻机的目的，且省去了人工操作，提高了工作效率。

（3）均匀揉捻的茶叶揉捻机：揉捻机工作时，揉桶在揉盘上做圆周运动对茶叶进行揉捻的同时，揉捻盖底部的揉捻纹也在对茶叶进行揉捻，提高了揉捻效率，使揉捻更加均匀。

（4）智能连续揉捻机：传统揉捻机的压力盖控制多为人工操作，劳动强度大，浪费人力资源。该揉捻机工作时，风机能够从外界抽气，通过喷管对揉捻时即将结块的茶叶进行喷射，防止结块，在揉捻块的后侧设置多个划杆，可以扫动茶叶，起到打散茶叶团的作用，从而防止整个揉捻过程中出现茶叶结块的现象。

3. 干燥

将茶叶干燥，减少水分以便保存。

二、黄茶

人们从炒青绿茶中发现，杀青、揉捻后由于干燥不足或不及时，茶叶叶色会因堆闷过程变黄，但苦涩和收敛感减弱，滋味变得醇和甘甜，香气清甜，风味独特。经过不断的研究和实践，总结出了一种新的加工方法，于是产生了新的茶类——黄茶。

黄茶加工工艺比绿茶多了一道闷黄的工序，这是黄茶制法的关键性工序，也是其与绿茶的根本区别。不同产地的黄茶因加工习惯的不同而在加工方式上有一些差异，黄茶按鲜叶的嫩度和芽叶的大小，分为黄芽茶、黄小茶和黄大茶 3 类。

黄茶加工工序是采摘、摊放、杀青、揉捻、闷黄、干燥。黄芽茶加工工艺分为：

（1）湿坯闷黄。杀青、闷黄、初烘或做形、干燥。

（2）干坯闷黄。杀青、初烘或做形、闷黄、干燥。

（3）复合闷黄。黄茶加工过程中，湿坯闷黄与干坯闷黄相结合。

在闷黄过程中，茶叶中的氨基酸、简单儿茶素增加，酯型儿茶素减少，能增加黄茶醇爽的口感，蛋白质水解为氨基酸，增加滋味的鲜爽度。闷黄的工艺较复杂，程度非常难掌握，品质也很难保证，因此黄茶在六大茶类中属于较为小众的一类茶。

三、黑茶

黑茶的基本加工工艺流程为采摘、杀青、初揉、渥堆、复揉、烘培。其中渥堆是黑茶制作中有别于其他茶类的特殊工艺，也是形成黑茶色香味的关键工序。

1. 传统渥堆工艺

传统的黑毛茶渥堆一般是将初揉后的茶坯堆积在背窗洁净的地面，避免阳光直射，茶堆加盖湿布等物，渥堆过程中进行适当翻堆，直到叶色由暗绿色变为黄褐色。

2. 创新渥堆工艺

（1）接种微生物。通过人工接种黑曲霉、青霉和酵母固态发酵等促进茶叶发酵，提高渥堆品质。

（2）添加外源物。通过加入纤维素酶、过氧化物酶和风味蛋白酶，利用适量的酶促作用影响黑茶内质成分转化，提高渥堆品质。

（3）利用自动化渥堆设备。可实现翻堆、输送、解块等工艺一次性完成，均匀进行茶叶翻堆，提高渥堆效率。

（4）利用发酵罐发酵。发酵罐可采集黑茶发酵过程中的温度、湿度、内部压力、翻转周期等要素的数据，发酵过程实现自动化、清洁化、数字化、标准化和可控性操作。

（5）自动化发酵车间。将微生物技术、机械加工技术和电气控制技术融为一体，根据茶叶发酵量、雾化加湿设备、环境和茶堆温湿度变化规律等因素设计出黑茶发酵车间的有效空间尺寸，进行渥堆生产。

四、白茶

白茶制法独特，不经杀青、揉捻等工序制成，性寒，具有清凉解暑的功效，是难得的凉性饮品。

白茶的制作工艺分为萎凋和干燥 2 道工序，关键性工序在于萎凋。制作时将采摘下的鲜叶，放在空气流通、具有一定温湿度的环境内，既不破坏酶的活性，也不促进氧化作用。在萎凋过程中，随着水分的散发，鲜叶内含物会进行复杂的理化变化，大量有效物质形成，使其保持毫香，滋味鲜爽，形成白茶相应的品质特征。

室内自然萎凋是白茶萎凋常用的方式之一，尤其是遇上阴雨天或阳光强烈天气。室内加温萎凋采用的方法很多，如室内加设热风管道加温萎凋、空调间加除湿机萎凋、萎凋槽加温萎凋、远红外线碳纤维茶叶专用板萎凋等，供热方式不同会对白茶品质产生不同的影响。萎凋室需保证宽敞卫生、通风透气且无日光直射，能对温湿度进行控制，有利于对白茶品质的合理控制。

白茶萎凋的方式还有：

（1）复式萎凋。复式萎凋结合了室外阳光及室内自然萎凋，室外阳光萎凋的时间选择在春季早晚阳光不强时晾晒，根据实际温湿度看茶做茶，确定晾晒次数及每次晾晒的时间，通常全程需进行 4 ～ 6 次阳光晾晒。复式萎凋历时约 60 小时，在萎凋期间需并筛 2 次直至萎凋适度。

（2）热风加温萎凋。将热风装置安置在萎凋室内，通过控制室内温湿度进行萎凋。萎凋室的温度调节规律为由低到高再由高到低，整个过程的室温保持在 25 ～ 35℃，相对湿度保持在 65％～ 75％，最终使萎凋叶的含水量保持在 16％～ 20％，使得叶缘略带垂卷、叶色由浅转变至深绿、叶片不贴筛、芽尖与叶梗显翘尾。热风加温萎凋历时 48 ～ 60 小时。

萎凋摊放中，在一定程度上优化茶树鲜叶细胞内含物的化学变化，加速形成茶芳香物质，并能消减青气与苦涩味。萎凋过程中应掌握好萎凋叶的水分变化，合理调整堆、翻的间隔及频次，避免堆内微发酵的程度过低或过高，出现酸味或闷味。

五、青茶

青茶是我国六大茶类中独具鲜明特色的茶叶品类。青茶需采摘具有一定成熟度的茶树鲜叶（形成驻芽的中开面 3 ～ 4 叶，俗称“开面采”），经过一系列工序加工而成，原料大多为 2 叶 1 芽，枝叶连理，大都是对夹叶，芽叶已成熟。加工工序如下。

（1）萎凋。使茶叶散失部分青气及水分变软，为茶叶做青打好基础。

（2）做青。分为摇青和晾青，通过多次摇晃，使茶叶不断碰撞和摩擦，叶

片边缘逐渐破损，经氧化发酵后产生红镶边。摇青为通过摇动使茶叶鲜叶互相碰撞，适度损伤茶叶边缘组织细胞，增强细胞穿透性，有利于后期茶叶内含物质的转化。晾青为将摇青叶静置后，使叶片、茎脉间的水分重新分布，提高细胞液浓度和酶的活性，促使低沸点的青草气成分得以挥发或转化，同时使高沸点的花果香成分形成，俗称“退青”“还阳”，让摇青叶均匀“走水”。

（3）杀青。通过高温杀死多酚酶类的活性，阻止茶叶继续氧化红变。

（4）揉捻。将茶叶揉成形，并加以巩固。

（5）干燥。将成形茶叶烘干，进行保存。

以上工序中，做青是青茶特有的工序，是形成青茶品质特征的关键性工序，由摇青和晾青相互交替进行。青茶茶香味的形成于做青过程，茶叶以多酚类为主的内含物质氧化转化的结果，形成了高香的基础和醇厚回甘的滋味。

摇青在做青前期时，因茶青具有活力强、含水量较高的特点，以摇匀、摇活为技术要求；在做青后期，茶青已经变得较为柔软，则以摇红为技术目的。摇青的方式有手工摇青（手工往复摇青和手工旋转摇青）、机械摇青两种。机械摇青目前广泛应用，用于摇青的机械同时兼有萎凋和晾青多种功能，改革创新后，还增加了加温送风和红外灯系统，或是同时具有送风筒和摇青筒内外两层设计，解决了雨水叶、茶青闷堆发热等问题。机械摇青常见的有滚筒摇青和振动摇青两种，滚筒摇青的优点是劳动强度低，吞吐量大，满足了大生产的需要；缺点是晾青时堆叶较厚、透气性较差。振动摇青运用机械振动使茶叶翻转、跳动和摩擦，达到做青的效果，结合晾青机等，具备实现连续流水作业，实现连续化、清洁化不落地生产的目的，其成茶品质显著高于滚筒摇青方式，但在生产效率上不及滚筒摇青。

六、红茶

红茶以适宜制作红茶的茶树新鲜芽叶为原料加工制作而成，根据加工工艺的不同，红茶可细分为小种红茶、工夫红茶（红条茶）和红碎茶 3 类。其典型制茶工艺流程如下。

（1）萎凋。使茶叶变软，散失部分水分及青草气。

（2）揉捻。揉破茶叶便于茶汁浸出，利于氧化。

（3）发酵。茶叶中的茶多酚等进行酶促反应氧化变红的过程。

（4）干燥。将茶叶干燥，减少水分以便保存。

红茶揉捻有传统的揉捻成条的手工制法和机械制法，红碎茶可采用 CTC 法

（挤压、撕裂和卷曲法揉捻）或直接使用 LTP 机（Laurie Tea Processer）切碎，传统茶的芳香特性比 CTC 法制茶更好。

发酵是红茶加工的关键性工序。红茶在发酵过程中多酚类物质的化学反应使鲜叶中的化学成分变化较大，产生茶黄素、茶红素等成分，形成红茶、红叶、红汤的特点。发酵适度，则嫩叶色泽红匀，老叶红里泛青，具有独特的熟果香气。红茶发酵目前普遍使用箩筐发酵、摊放式发酵和发酵机发酵。新工艺红茶利用轻发酵、匀浆悬浮发酵等新发酵工艺，促进了汤色红亮、滋味醇和具有花果香的红茶出现，改善了传统红茶发酵技术的发酵时间长、耗能大、成本高等不足。

茶树鲜叶的初制加工工艺水平，对提高茶叶品质，发挥鲜叶原料的经济价值具有非常关键性的作用。经过 1000 多年的改进创新，随着现代农业科学技术的发展，高、新、尖技术被应用到茶叶加工工艺创新、茶叶加工机械化、科技化中，茶叶加工工艺发展已经非常成熟。

第二节　茶叶干燥技术

中国已有 1000 多年的制茶历史，目前形成的六大茶类的加工制作工序中，最后一道工序是干燥，主要目的一是减少茶叶中的水分，使茶叶含水量下降到 6%以下，便于后期保存；二是促成茶叶中香气物质、滋味物质进一步氧化和稳定，巩固茶色素的形成，使茶叶品质趋于稳定。

1. 单一干燥技术

传统的干燥方法运用单一干燥技术，如锅炒干燥、日晒干燥、烘干干燥等方式。

（1）锅炒干燥。炒青绿茶特有的干燥工序，传统的茶叶炒干就是用手或手工器具将茶叶放在热锅内翻炒干燥，部分名优绿茶的干燥，仍然是采用手工锅炒的方法。大多数茶厂则应用炒干机代替手工炒茶。炒干机基本分为锅式炒干机和筒式炒干机两类，其中锅式炒干机包括单锅、双锅、四锅炒干机，筒式炒干机主要是滚筒（瓶式）炒干机。

（2）日晒干燥。利用太阳热量使茶叶失水干燥的方式。

（3）烘干干燥。直接对完成其他工序后的茶叶进行湿坯高温烘焙，按其方式可分为炭焙、电焙笼、红外线烘焙及烘茶机等。目前，传统手工茶叶制作通常是用炭焙，大多数生产厂家以电焙笼或烘茶机进行烘焙。

（4）传统炭焙：用木炭为燃料在焙笼底下生成炭火盆，用篾制焙笼，把前

一工序半成品茶放进焙笼里烘焙，烘焙时间和温度完全依靠焙茶师傅的经验。

（5）电烘箱烘焙：目前茶叶加工中使用比较广泛的茶叶干燥方式。利用电热丝加热，靠热风传导进行烘焙，省时省工，生产效率高，茶叶生产成本低。

（6）热风干燥：用于农产品干燥的普遍方式，通过加热空气，在吸湿、解湿过程中对茶叶进行干燥，干燥效率高、生产成本低、无异味，是名优茶较为常用的干燥方式之一。

（7）微波干燥：用微波发生器将微波辐射到茶叶上，茶叶表面和内部同时升温，使大量的水分子逸出，从而达到干燥目的。微波干燥具有升温快、受热均匀、热效率高、便于自动控制及连续化生产等优点。

（8）远红外干燥：运用远红外线使茶叶内能增加、温度上升，从而实现水分散失、茶叶干燥的目的。

2. 新型联合干燥技术

单一干燥技术在茶叶领域已经取得了广泛的研究和应用，同时，又创新了不少新型联合干燥技术。

（1）微波热风联合干燥。在微波干燥的基础上，联合热风干燥的新型联合干燥技术。

（2）微波真空联合干燥。该干燥方法综合真空和微波的双重优点，具有传热快、效率高、能耗低、加热均匀、可控性好等特点，干燥过程无二次污染产生。

（3）真空冷冻联合干燥。在真空状态下直接升华去除茶叶水分，有效保留茶叶原有的活性成分和色香味等感官品质，脱水彻底、复水快、质量轻、适合常温长期保存和运输等优点，是一种极具产业化前景的农产品深加工方式。

（4）低温真空联合干燥。在真空、低温的干燥箱内保持较低相对湿度，将真空干燥室内所产生的水蒸气及时抽出，达到干燥的目的。

第三节 茶叶进出口贸易

中国茶文化博大精深、源远流长，与人们的社会生活紧密相连。茶叶自古以来便是中国对外贸易的重要商品之一。

有研究表明，中国茶叶对外贸易应该始于人们对茶叶药用价值的认识，起源于 4 世纪四川西部的康定和松潘，并打开了由北方通往西藏、蒙古的内陆边境贸易通道；到了 5 世纪末，茶叶由药用转为饮品，其商品化特性越来越明显，中国

作为世界茶叶生产和贸易发源地，有着悠久的对外贸易历史。

中国古代茶叶的贸易范围主要是邻国的边茶贸易和沿海贸易。贸易市场主要包括西藏和当时的蒙古和俄国，四川、云南通往西藏的茶马古道见证了茶叶陆地边贸的历史。少量茶叶输入泰国和缅甸，经由荷兰人输入欧洲。

17 世纪开始，广州成为中国茶叶输出的唯一口岸，形成特殊的茶叶商业街区，成为中国沿海茶叶加工贸易交易中心，出口市场涉及日本以及欧洲各国和美洲，中国茶叶成为世界各国竞争贩运和销售的重要商品。进入 20 世纪以来，茶叶在世界的销售规模不断增加，产茶国和消费国的数量也随之增加，茶叶品质和加工技术大为提高，世界茶叶贸易发展迅速，竞争日益激烈。世界茶叶消费遍及全球五大洲各国家，包括欧洲的英国、苏联、荷兰、德国、波兰及法国、捷克等国，亚洲的伊朗、土耳其等国，美洲的美国、加拿大、智利和阿根廷等国，非洲的南非、摩洛哥、埃及、突尼斯等。世界茶叶交易市场主要包括两大类，一类是主产国直接销往消费国的初级市场，另一类是茶叶再出口的二级市场。

20 世纪以来，全球茶叶消费进口总量整体呈波动上升趋势，说明全球对茶叶有相对长期稳定的需求。世界茶叶产量不断增加，进口量与出口量也随之增加。伴随着世界茶叶种植面积不断扩大，世界茶叶产量不断增加，全球茶叶生产国不断增加，茶叶出口竞争不断加剧的背景下，各生产国出口差距正进一步缩小。

目前，世界上有超过 50 个国家和地区种植茶叶，种植区域主要集中在亚洲、非洲和拉丁美洲。其中，中国、印度和斯里兰卡的茶叶种植面积位居世界前三位，2017 年种植面积分别为 $222.5\times10^4\ hm^2$、$62.4\times10^4\ hm^2$ 和 $23.2\times10^4\ hm^2$，分别占全球茶叶种植面积的 54.6%、15.3% 和 5.7%。产量排名与种植面积略有差异，茶叶产量排名前三位的国家是中国、印度和肯尼亚，2017 年产量分别为 245.9×10^4 t、130.4×10^4 t 和 43.3×10^4 t，分别占全球茶叶产量的 40.3%、21.7% 和 7.2%。

中国茶叶种植面积和产量居世界之首，种植面积占世界茶叶种植总面积的 50% 以上，产量占世界茶叶总产量的 40%。茶叶的单位面积产值较高，2017 年为 5339.3 美元 /hm^2，但中国茶叶单产有待提高，2017 年只有 1112 kg/hm^2，仅是印度的 1/2。世界茶叶进出口贸易国家中，肯尼亚、中国和斯里兰卡是位列世界前三的茶叶出口国。

国际上一般将茶叶分为绿茶和红茶。红茶是全球茶叶贸易的主要品种，主要进口来源国和地区集中在斯里兰卡、印度、越南、肯尼亚和印度尼西亚，斯里兰

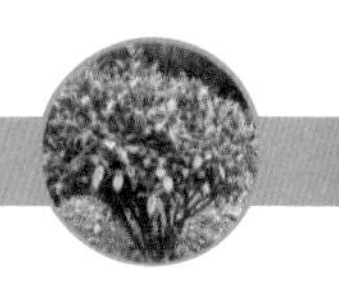

卡进口茶叶最多。2021 年的统计数据中，这 5 个国家的进口量合计 3.66×10^4 t，占总量的 74.69%；进口额 1.22 亿美元，占总额的 61.31%。

中国茶叶出口量位居世界第二。据 2021 年数据统计，中国茶叶主要出口量为 36.90×10^4 t，出口茶类有绿茶、红茶、乌龙茶、普洱茶、花茶。2021 年出口量达 31.23×10^4 t，比 2020 年增长 6.43%，占出口总量的 81.43%；其中绿茶仍是占据主导优势的产品，占出口总量的 81.43%；红茶和乌龙茶分别为第二大和第三大出口茶类，出口量分别比上年增长 2.72%、13.00%，

中国茶叶贸易的特点表现为中国茶叶出口市场以亚洲和非洲为主，对东盟各国和欧洲的出口均有所增长；出口市场集中度高，主要出口市场集中在非洲和亚洲，占出口总量的 82.24%，出口总额的 87.67%。欧洲是中国第三大茶叶出口市场，据 2021 年数据显示，对欧洲茶叶出口量 5.10×10^4 t，出口额 1.90 亿美元，分别比上年增长 9.35%、15.01%；对美洲茶叶出口量和出口额稳中略增，对南美洲茶叶出口规模较小，分别仅占 0.38% 和 0.31%；对大洋洲茶叶出口规模最小，出口量有所下滑，为 0.04×10^4 t，比上年减少 7.60%，出口额略有上升，为 400 万美元，比上年增加 10.06%。

2021 年的统计数据中，中国茶叶出口均价为 6.60 美元 /kg，比上年上涨 9.74%，总体高于国际市场茶叶出口均价。红茶出口均价在国际市场茶叶价格仍然偏低的情况下上涨 17.22%。

截至 2021 年，中国主要出口茶叶省（直辖市、自治区）有 31 个，浙江、安徽、湖南、福建、湖北、江西等 6 省茶叶出口量均达到万吨以上，合计出口 33.50×10^4 t，比上年增长 6.99%，占出口总量的 87.35%。其中，浙江和安徽是传统茶叶出口大省，2021 年浙江茶叶出口量达 15×10^4 t 以上，位居全国第一。福建省茶叶出口额达 5.71 亿美元，为全国第一。贵州省出口量、出口额分别增长 93.75% 和 124.14%，增幅均为全国第一，同时创造了该省茶叶出口新高，出口均价最高达到 36.57 美元 /kg，比最低的四川省高出约 18 倍。

作为中国特色优势出口农产品，茶叶贸易的历史由来已久，在当今农产品贸易中也扮演着重要角色。“一带一路”倡议助力全球茶叶贸易，茶叶自古以来就是丝绸之路的重要贸易商品。在利用“一带一路”倡议推动全球茶叶贸易的过程中，要深入研究沿线国家市场需求，立足自由贸易政策优势、基础设施优势、国家资金投入优势，合理规划，扩大沿线国家间茶叶贸易规模，实现全球茶叶贸易的可持续发展。

参考文献

[1] 涂国强，叶靖平，王定宁，等. 凌云白毫乌龙茶加工工艺[J]. 广东茶业，2011(Z1)：33-34.

[2] 张兴思，骆桂江，杨昌勤，等. 凌云白毫茶高产优质栽培技术研究[J]. 农业与技术，2015，35(5)：87-88.

[3] 韦继川. 登“金字塔”，品“凌云茶”[N]. 广西日报，2009-12-16(001).

[4] 张明沛. 广西名优茶[M]. 南宁：广西人民出版社，2012.

[5] 南宁旅游. “壮族三月三”的非遗记忆横县南山白毛茶与茉莉花茶[EB/OL].(2020-04-18). https://www.sohu.com/a/389577073_394132.

[6] 广西好嘢. 覃塘毛尖茶：产于1100米的高山，茶香馥郁滋味鲜醇[EB/OL].(2021-01-04).https://www.sohu.com/a/444425246_120077001.

[7] 海外网. 广西兴安县：瑶乡飘香六垌茶[EB/OL]. (2020-04-07). https://ishare.ifeng.com/c/s/7vTaiEuYxmR.

[8] 佚名. 【寻味兴安】带你走进华江，探寻清朝贡品六垌茶[EB/OL]. (2019-05-16)[2020-06-08]. https://www.sohu.com/a/314275313_120024646.

[9] 康志鸿. 广西兴安华江六垌茶：藏在深山里的清朝贡品茶[EB/OL]. (2021-08-12). https://www.cfsn.cn/front/web/site.shengnewshow?pdid=78&newsid=76704.